智能变电站"九统一"继电保护装置及其检修技术

（元件保护部分）

主　编　郭云鹏　崔建业
副主编　钱　肖　刘乃杰　李有春　王韩英

中国水利水电出版社

www.waterpub.com.cn

·北京·

内 容 提 要

本书为《智能变电站"九统一"继电保护装置及其检修技术》之一，依据最新的"九统一"标准，通过理论分析结合生产实际，针对线路、主变压器、母线等元件常见的继电保护装置，提供详细的调试技巧与方法，旨在指导现场作业、提高工作效率。本书包括变压器部分和母线差动部分，共 6 章，包括变压器保护及辅助装置设计规范、PST - 1200U 保护装置调试、PCS - 978 数字式变压器保护装置调试、母线保护设计规范、PCS - 915 母线保护装置调试、SGB - 750 数字式母线保护装置调试。

本书适合继电保护相关专业人员自学、培训，也适合电力行业其他专业人员参考借鉴。

图书在版编目（ＣＩＰ）数据

智能变电站"九统一"继电保护装置及其检修技术.
元件保护部分 / 郭云鹏，崔建业主编. -- 北京 : 中国
水利水电出版社，2020.11
ISBN 978-7-5170-9365-7

Ⅰ．①智… Ⅱ．①郭… ②崔… Ⅲ．①智能系统—变
电所—继电保护—研究 Ⅳ．①TM63-39②TM77-39

中国版本图书馆CIP数据核字(2021)第005006号

书　　名	**智能变电站"九统一"继电保护装置及其检修技术（元件保护部分）** ZHINENG BIANDIANZHAN "JIU TONGYI" JIDIAN BAOHU ZHUANGZHI JI QI JIANXIU JISHU (YUANJIAN BAOHU BUFEN)
作　　者	主编　郭云鹏　崔建业 副主编　钱　肖　刘乃杰　李有春　王韩英
出版发行	中国水利水电出版社 （北京市海淀区玉渊潭南路 1 号 D 座　100038） 网址：www. waterpub. com. cn E - mail：sales@ waterpub. com. cn 电话：(010) 68367658（营销中心）
经　　售	北京科水图书销售中心（零售） 电话：(010) 88383994、63202643、68545874 全国各地新华书店和相关出版物销售网点
排　　版	中国水利水电出版社微机排版中心
印　　刷	清淞永业（天津）印刷有限公司
规　　格	184mm×260mm　16 开本　12.75 印张　310 千字
版　　次	2020 年 11 月第 1 版　2020 年 11 月第 1 次印刷
印　　数	0001—4000 册
定　　价	**58.00 元**

本书编委会

主　　编　　崔建业

副 主 编　　李有春　郝力彪　朱英伟

参编人员　　左　晨　张　伟　沈尖锋　潘铭航　陈　昊

　　　　　　华子均　吴雪峰　金慧波　郑晓明　吴乐军

　　　　　　梅　杰　杨运有　徐俊明　潘　登　王利波

前　言

　　进入 21 世纪，随着半导体技术的快速发展，继电保护装置（以下简称"保护装置"）也由电磁式向微机式过渡，为了适应技术发展，国家电网有限公司（以下简称"国家电网公司"）于 2007 年推出了"六统一"标准，为保障电网的安全稳定运行提供了坚实的后盾。

　　随着全国电力网络的发展，各地电网运行习惯、网架结构及保护配合方式存在差异，保护地区版本、工程版本较多，版本管理困难等一系列问题日益突出。同时，随着智能变电站的逐年增多，新的模型文件、配置文件、输入输出方式以及信息规范的变化，原先制定的"六统一"标准已经越来越不能满足当前电网自身发展的需要。

　　为了解决上述问题，国家电网公司于 2016 年正式发布了 Q/GDW 11010—2015《继电保护信息规范》，在原"六统一"的基础上规范了不同厂家对信息的处理方法，尤其是对保护面板上的人机菜单制定了详细的标准，该标准即"新六统一"标准（也可以称作"九统一"标准）。"九统一"标准在原有"六统一"标准的基础上着重强调了对保护装置的报文名称、LCD 菜单和面板显示灯的统一，同时进一步统一了保护配置的相关功能。

　　伴随着"九统一"标准的推广与应用，新设备与新装置也在各级电网中投入使用，这就对继电保护从业人员提出了新的要求，加快提升从业人员的技术技能，以适应新形势的变化，刻不容缓。为此，本书依据"九统一"标准，由现场经验丰富的一线工作人员完成编写工作，旨在指导现场作业、提高工作效率。本书不在理论分析的基础上结合生产实际，针对线路、主变压器、母线等元件的常见继电保护装置，提供详细的调试技巧与方法，非常适合从事继电保护工作的人员自学、培训与指导现场作业。

　　本书在编写过程中得到众多领导和同事的支持和帮助，同时也参考了许多有价值的专业书籍，给作者提供了有益指导，使内容有了较大改进，在此表示衷心感谢。

由于编者能力有限，书中可能存在疏漏之处，恳请各位专家与读者批评指正。

编者
2020 年 3 月

目　录

第3篇

变压器部分

第 1 章

变压器保护及辅助装置设计规范

1.1 配置要求

1.1.1 变压器保护及辅助装置配置总则

（1）220kV 及以上电压等级变压器应配置双重化的主、后备保护一体化电气量保护和一套非电量保护。

【释义】

a. GB/T 14285—2006《继电保护和安全自动装置技术规程》的第 4.3.3.3 条要求"电压为 220kV 及以上的变压器装设数字式保护时，除非电量保护外，应采用双重化保护配置。当断路器具有两组跳闸线圈时，两套保护宜分别动作于断路器的一组跳闸线圈。"

b.《国家电网公司十八项电网重大反事故措施（试行）》对双重化提出了以下要求："220kV 电压等级线路、变压器、高抗、串补、滤波器等设备微机保护应按双重化配置。每套保护均应含有完整的主、后备保护，能反映被保护设备的各种故障及异常状态，并能作用于跳闸或给出信号。"

c. 变压器电气量保护与非电量保护的出口回路分开。电气量保护动作后启失灵，并可解除失灵保护电压闭锁；非电量保护不启动失灵保护。

d. 电气量保护和非电气量保护的电源回路独立，在屏柜上的安装位置也应独立。双套电气量保护的跳闸回路分别作用于断路器的两个跳闸线圈，而一套非电气量保护同时对应断路器双线圈。

（2）常规变电站变压器按断路器单套配置分相或三相操作箱。双母线主接线，应双重化配置电压切换装置。

【释义】

a. 常规变电站，操作箱按断路器单套配置，根据机构操作是分相还是三相来确定对应操作箱采用分相还是三相。

b. 智能变电站，操作回路在智能终端双重化配置。依据是 Q/GDW 441—2010《智能变电站继电保护技术规范》中的如下要求："220kV 及以上电压等级智能终端按断路器双重化配置，每套智能终端包含完整的断路器信息交互功能。"

1.1.2　220kV 电压等级变压器保护功能配置

1.1.2.1　功能配置表

220kV 电压等级变压器保护功能配置表，见表 1-1。

表 1-1　　　　　　　　　220kV 电压等级变压器保护功能配置表

类别	序号	功能描述	段数及时限	说　　明	备注
主保护	1	差动速断保护	—		
	2	纵联差动保护	—		
	3	故障分量差动保护	—		自定义
高压侧后备保护	4	相间阻抗保护	Ⅰ段三时限		选配 D
	5	接地阻抗保护	Ⅰ段三时限		选配 D
	6	复合电压（简称"复压"）过流保护	Ⅰ段三时限、Ⅱ段三时限、Ⅲ段两时限	Ⅰ段、Ⅱ段复压可投退，方向可投退，方向指向可整定。Ⅲ段不带方向，复压可投退	
	7	零序方向过流保护	Ⅰ段三时限、Ⅱ段三时限、Ⅲ段两时限	Ⅰ段、Ⅱ段方向可投退，方向指向可整定。Ⅲ段不带方向。Ⅰ段、Ⅱ段、Ⅲ段过流元件可选择自产或外接	
	8	间隙过流保护	Ⅰ段一时限		
	9	零序过压保护	Ⅰ段一时限	零序电压可选自产或外接	
	10	失灵联跳	Ⅰ段一时限		
	11	过负荷保护	Ⅰ段一时限	固定投入	
中压侧后备保护	12	相间阻抗保护	Ⅰ段三时限		选配 D
	13	接地阻抗保护	Ⅰ段三时限		选配 D
	14	复压过流保护	Ⅰ段三时限、Ⅱ段三时限、Ⅲ段两时限	Ⅰ段、Ⅱ段复压可投退，方向可投退，方向指向可整定。Ⅲ段不带方向，复压可投退	
	15	零序方向过流保护	Ⅰ段三时限、Ⅱ段三时限、Ⅲ段两时限	Ⅰ段、Ⅱ段方向可投退，方向指向可整定。Ⅲ段不带方向。Ⅰ段、Ⅱ段、Ⅲ段过流元件可选择自产或外接	
	16	间隙过流保护	Ⅰ段两时限		
	17	零序过压保护	Ⅰ段两时限	零序电压可选自产或外接	
	18	失灵联跳	Ⅰ段一时限		
	19	过负荷保护	Ⅰ段一时限	固定投入	

续表

类别	序号	功能描述	段数及时限	说　明	备注
低压1分支后备保护	20	复压过流保护	Ⅰ段三时限、Ⅱ段三时限	Ⅰ段复压可投退，方向可投退，方向指向可整定。Ⅱ段不带方向，复压可投退	
	21	零序方向过流保护	Ⅰ段两时限	固定采用自产零序电流	选配J
	22	零序过压告警	Ⅰ段一时限	固定采用自产零序电压	
	23	过负荷保护	Ⅰ段一时限	固定投入。取低压1分支、低压2分支和电流	
低压2分支后备保护	24	复压过流保护	Ⅰ段三时限、Ⅱ段三时限	Ⅰ段复压可投退，方向可投退，方向指向可整定。Ⅱ段不带方向，复压可投退	
	25	零序方向过流保护	Ⅰ段两时限	固定采用自产零序电流	选配J
	26	零序过压告警	Ⅰ段一时限	固定采用自产零压	
接地变	27	速断过流保护	Ⅰ段一时限		选配J
	28	过流保护	Ⅰ段一时限		
	29	零序过流保护	Ⅰ段三时限、Ⅱ段一时限	固定采用外接零序电流	
低压1分支电抗	30	复压过流保护	Ⅰ段两时限		选配E
低压2分支电抗	31	复压过流保护	Ⅰ段两时限		选配E
公共绕组	32	零序过流保护	Ⅰ段一时限	自产零流和外接零流"或"门判别	选配G
	33	过负荷保护	Ⅰ段一时限	固定投入	

类别	序号	基础型号	代码	说　明	备注
	34	220kV变压器	T2		

类别	序号	选配功能	代码	备　注	
选配功能	35	高、中压侧相间和接地阻抗保护	D		
	36	低压侧小电阻接地零序方向过流保护和接地变后备保护	J		
	37	低压侧限流电抗器后备保护	E		
	38	自耦变（公共绕组）后备保护	G		
	39	220kV双绕组变压器	A	无中压侧后备保护	

【释义】

a. 保护功能配置表是以如下 220kV 变压器主接线型式为例：基础型号对应 220kV 主变高压侧双母线接线（兼容双断路器）、中压侧双母线接线、低压侧双分支单母分段接线的三绕组变压器（高 2–中 1–低 2）。可选配高、中压侧阻抗保护、自耦变、接地变及小电阻接地、低压侧电抗器、双绕组变压器等相关功能。

b. "故障分量差动保护"为自定义项，当装置有此功能时其定值为自定义。

c. 当选配代码 D 配置"高、中压侧阻抗保护"时，高后备、中后备保护均增加"相间和接地阻抗保护"。

d. 当选配代码 J 配置"低压侧小电阻接地零序方向过流保护，接地变后备保护"时，低压 1、2 分支后备增加"零序方向过流保护"和接地变保护。

e. 当选配代码 E 配置"低压侧限流电抗器后备保护"时，增加低压 1 分支、低压 2 分支电抗器保护。

f. 当选配代码 G 配置"自耦变（公共绕组）后备保护"时，仅适用于自耦变。

g. 当选配代码 A 时，仅适用于 220kV 双绕组变压器。

1.1.2.2　主保护配置

（1）配置纵联差动保护、差动速断保护。

（2）可配置不需整定的零序分量、负序分量或变化量等反映轻微故障的故障分量差动保护。

1.1.2.3　高压侧后备保护配置

（1）复压过流保护，设置三段。

1）Ⅰ段带方向，方向可投退，指向可整定，复压可投退，设三时限。

2）Ⅱ段带方向，方向可投退，指向可整定，复压可投退，设三时限。

3）Ⅲ段不带方向，复压可投退，设两时限。

【释义】

a. Q/GDW 175—2008《变压器、高压并联电抗器和母线保护及辅助装置标准化设计规范》第 5.1.2.2 a）条要求："复压闭锁过流（方向）保护为二段式，Ⅰ段带方向，方向可整定，设两时限；Ⅱ段不带方向，延时跳开变压器各侧断路器。"

a）复压闭锁方向过流保护可通过控制字选择指向母线或是指向变压器，以满足对联络变压器的不同整定要求。当指向变压器时作为变压器绕组及对侧母线故障的相间后备保护，当指向母线时作为本侧母线和相邻线路的后备保护，为减少互相配合的层次，联络变压器两个电源侧的方向元件宜均指向本侧母线或均指向变压器，在变压器三侧均有电源的情况下，方向元件指向变压器的过流保护，对侧母线的灵敏度会降低。电源侧不带方向的复压过流保护，作为变压器、母线及相邻线路的总后备保护。

b）对于单侧电源的降压变压器，复压闭锁过流保护可以不带方向。

b. Q/GDW 1175—2013《变压器、高压并联电抗器和母线保护及辅助装置标准化设计规范》改进原因：兼顾各地区用户使用习惯配置，按最大化配置，所以段数和时限都有所增加。与 2008 版相比，其中Ⅰ段、Ⅱ段增加时限可用于跳母联达到缩小故障范围、改

6

善变压器后备保护选择性的目的。

c. 按照 DL/T 572—2010《电力变压器运行规程》的要求，变压器具备短期急救负载运行的能力，对于大型强油循环风冷和强油循环水冷的变压器，事故前 0.7 倍额定负荷时，允许事故后带 1.5 倍额定负荷运行 30min。当并列运行的两台变压器，其中一台变压器停运时，负荷全部转移至另外一台变压器，必然造成运行变压器过负荷。作为变压器总后备的过流保护，此时不应动作，所以增加复压闭锁，以防止事故过负荷时过流保护误动作。

（2）零序方向过流保护，设置三段。

1）Ⅰ段带方向，方向可投退，指向可整定，过流元件可选择自产或外接，设三时限。

2）Ⅱ段带方向，方向可投退，指向可整定，过流元件可选择自产或外接，设三时限。

3）Ⅲ段不带方向，过流元件可选择自产或外接，设两时限。

【释义】

a. Q/GDW 175—2008《变压器、高压并联电抗器和母线保护及辅助装置标准化设计规范》第 5.1.2.2 b）条要求："零序过流（方向）保护。保护为两段式，Ⅰ段带方向，方向可整定，设两时限；Ⅱ段不带方向，延时跳开变压器各侧断路器。"

b. Q/GDW 1175—2013《变压器、高压并联电抗器和母线保护及辅助装置标准化设计规范》改进原因：兼顾各地区用户使用习惯配置，按最大化配置，所以零序电流保护的段数和时限都有所增加。

c. 零序电流保护的方向元件指向变压器时，由于变压器中性点的分流，对侧母线的灵敏度会严重降低，所以，零序电流保护的方向宜指向本侧母线。

d. 一般 220kV 变电站采用双母线接线，带方向的零序过流保护设置 3 个时限，分别动作于跳母联以缩小故障范围、跳本侧断路器、跳各侧断路器；不带方向的零序电流保护带 2 个时限，分别动作于跳本侧断路器和各侧断路器，除自耦变外，不带方向的零序电流保护取中性点零序电流。

e. 零序电流保护既可以保护接地故障，又可以反映其他原因形成的零序电流。例如：相邻线路非全相运行时，阻抗保护不反映非全相运行状态，由于相邻线路非全相运行的零序电流较小，可能只导致零序Ⅱ段保护动作，故零序Ⅱ段的动作时限要大于变压器、相邻线路断路器非全相的动作时间。

f. 在变压器靠近中性点的绕组接地故障时，差动保护灵敏度很低，可能拒动，而接于中性点 TA 的零序电流Ⅱ段保护的灵敏度高，能可靠动作。

（3）间隙过流保护，设置一段一时限，间隙过流和零序过压二者构成"或"逻辑，延时跳开变压器各侧断路器。

【释义】

a. 间隙零序电流保护和零序电压保护的目的是防止半绝缘变压器中性点工频过电压损坏绝缘，而不保护暂态过电压和雷击过电压。系统发生接地故障时，接地故障点存在，而所有接地变压器均跳闸以后，经间隙接地的变压器中性点工频电压升至相电压，将危及变压器安全，此时，如间隙击穿（或间隙间断击穿）就会有间隙电流（或间隙电流和零序电压交替出现），由间隙电流保护动作跳闸；如间隙未击穿，就会出现零序电压，由零序电压保护动作跳闸。电网中曾发生过在故障开始时由暂态过电压击穿间隙，在故障未切除时由零序电流续流，直到保护误动作，此时接地变压器尚未跳开。为解决此问题，间隙电流保护以较长延时跳闸，一般不大于 5s，与出线有灵敏度的 Ⅱ 段保护配合，并躲过相邻 220kV 线路非全相时间，零序电压保护带 0.3～0.5s 短延时，在检测到工频过电压时快速跳闸。

b. 单侧电源供电的 220kV 系统，负荷侧变压器中性点不接地，非全相运行的二次零序电压约为 150V，当零序过电压定值整定较低时，可能导致供电线路接地故障跳开单相的非全相期间，受端主变零序过电压在电源侧断路器重合闸前误动跳闸。当电网存在接地中性点且发生单相接地故障时，零序过电压保护应可靠不动作，对于有效接地系统，一般按接地系数 $X_{0\Sigma}/X_{1\Sigma} \leqslant 3$ 考虑，故障点零序电压不大于 $0.6U_{xg}$，一般为 150～180V；时间按躲过单相接地暂态电压整定，一般为 0.3～0.5s。为提高保护的可靠性，统一规定为零序电压选外接时固定为 180V、选自产时固定为 120V，延时跳开变压器各侧断路器。

c. 对实施解列三相重合闸的单回线路终端变电站，需要在线路重合闸前解列变压器中、低压侧的地区电源，或当主变低压分段断路器配置备自投时，为了提高备自投动作的成功率，主变保护跳闸后，应解列低压侧地区电源。宜由变电站线路保护（含解列功能）联跳地区电源，或经专用的解列装置解列地区电源，动作时间一般为 0.2～0.3s，应小于间隙保护 0.5s 的最短动作时间，变压器间隙保护动作后不跳小电源并网线，跳小电源由专门的解裂装置完成。

d. 对中性点全绝缘的变压器，可不配置间隙零序电流和零序过电压保护。

e. 对于分级绝缘的变压器，运行中的电压很难超过其中性点的耐压水平，目前间隙过压保护的定值仅是按躲过区外故障考虑。

（4）零序过压保护，设置一段一时限，零序电压可选自产或外接。零序电压选外接时固定为 180V、选自产时固定为 120V，延时跳开变压器各侧断路器。

【释义】

根据《国网基建部关于发布 330～750kV 智能变电站通用设计二次系统修订版的通知》（基建技术〔2015〕55 号），变压器各侧常规电压互感器都配置有剩余电压绕组；因此采用常规互感器时，变压器保护装置的零序过压保护应采用外接零序电压。电子式电压互感器无剩余电压绕组，当变压器各侧采用电子式电压互感器时，变压器保护装置的零序过压保护采用自产零序电压，因此保护装置增加零序电压取自产或外接的选择。

（5）失灵联跳，设置一段一时限。失灵联跳是变压器高压侧断路器失灵保护动作后经变压器保护跳各侧断路器的功能。变压器高压侧断路器失灵保护动作开入后，应经灵敏的、不需整定的电流元件带 50ms 延时后跳开变压器各侧断路器。

【释义】

a. 大型自耦变高中压侧的短路阻抗一般为 12% 左右，中压侧母线故障时高压侧提供的短路电流很大。《国家电网公司十八项电网重大反事故措施（试行）》第 15.2.11.3 条要求："变压器的断路器失灵时，除应跳开失灵断路器相邻的全部断路器外，还应跳开本变压器连接其他电源侧的断路器。"

b. 实现上述功能，主要有两种不同的方案。

a）方案一：主变保护动作启动失灵时，失灵电流判别功能由母线保护实现；母线差动保护动作启动失灵时，失灵电流判别由变压器保护实现。优点是母线差动保护动作变压器断路器失灵，变压器保护跳各侧断路器时，经失灵电流判别元件闭锁，可靠性高。缺点是主变保护需要整定失灵保护电流和时间定值。

b）方案二：主变保护动作启动失灵和母线差动保护动作启动失灵，失灵电流判别功能均由母线保护实现。变压器保护采取防误措施后，实现跳各侧断路器功能。优点是变压器断路器失灵功能统一由母线保护实现，保护分工明确，主变保护不需配置失灵判别相关逻辑。缺点是主变保护失灵连跳可靠性低于方案一。

c. 借鉴 3/2 断路器接线边断路器失灵保护经母线保护出口跳闸回路的方式，当高压侧断路器保护判别断路器失灵后，由断路器保护输出失灵保护动作触点，此触点入变压器保护，经变压器保护内设置的不需整定的故障分量电流闭锁元件和延时元件把关后，跳变压器三侧断路器。要求母线保护判主变支路断路器失灵（含主变保护动作启动失灵和母线差动保护动作启动失灵），通过主变保护跳各侧断路器。为简化二次回路接线，母线故障变压器断路器失灵时，不采用母线保护动作，通过开出触点去启动变压器失灵方式，由母线保护完成变压器断路器失灵的判别，输出一组"失灵联跳"触点到变压器保护，再经变压器同一侧电流故障分量启动元件进一步识别，并带 50ms 延时跳变压器各侧。其突出优点是：双重化配置的母线保护和变压器保护采用"一对一"方案，接线简单；经主变保护"软件防误"后跳闸，可靠性高。

（6）过负荷保护，设置一段一时限，定值固定为本侧额定电流的 1.1 倍，延时 10s，动作于信号。

【释义】

a. Q/GDW 175—2008《变压器、高压并联电抗器和母线保护及辅助装置标准化设计规范》第 5.1.2.2 f）条要求："过负荷保护，延时动作于信号。"实际实现方法：固定为本侧额定电流 1.1 倍，时间为 6s。

b. 过负荷保护电流按躲过变压器额定电流整定，可靠系数 K_k 取 1.05，对于微机保护，返回系数可取 0.9，因此电流可固定为本侧额定电流 1.1 倍。

c. 为了防止外部短路及短时过负荷导致过负荷保护误作用于信号，其动作时间应至少比相间后备保护动作时间大一个整定级差，部分地区的安全自动装置判主变过载切负荷的动作时间为 7s，故过负荷保护动作于信号的时间固定为 10s。

1.1.2.4　中压侧后备保护配置

（1）复压过流保护，设置三段。

1）Ⅰ段带方向，方向可投退，指向可整定，复压可投退，设三时限。

2）Ⅱ段带方向，方向可投退，指向可整定，复压可投退，设三时限。

3）Ⅲ段不带方向，复压可投退，设两时限。

【释义】

a. Q/GDW 175—2008《变压器、高压并联电抗器和母线保护及辅助装置标准化设计规范》第5.1.2.3 a)条要求："复压闭锁过流（方向）保护。设3个时限，第1时限和第2时限带方向，方向可整定；第3时限带方向，延时跳开变压器各侧断路器。限时速断过流保护，延时跳开本侧断路器。"

a) 随着电网短路容量不断增大，近年来各网省公司相继发生了多起110kV线路永久性故障和保护、断路器拒动时造成变压器损坏的事故。主要原因是变压器复压过流保护动作时间长于变压器热稳定时间，现增设限时速断保护作为变压器近区故障的快速保护，在中压侧母差检修或母线、相邻线路故障相关保护拒动时，起到快速切除的作用。

b) 220kV变压器高中压侧短路电压$U_{K1-2}\text{\textperthousand}\approx14$，电流定值可按$6I_e$整定，保护动作时间应小于变压器热稳定时间（2s），在安全可靠的前提下，应尽量缩短保护动作时间。

c) 为了缩小故障范围，避免两台变压器同时跳闸，2008年8月20—22日在北京召开的标准化规范实施技术原则审查会明确要求：限时速断过流保护设置2个时限，第1时限跳母联，第2时限跳本侧。

b. Q/GDW 1175—2013《变压器、高压并联电抗器和母线保护及辅助装置标准化设计规范》改进原因：由于限时速断保护在系统小方式的情况下很难整定，同时为兼顾各地区的不同要求，2013版中220kV变压器保护高、中压侧复压过流改为三段：Ⅰ段三时限，Ⅱ段三时限，Ⅲ段二时限；同时取消2008版中220kV主变中压侧的限时速断过流保护。同时，为了最大限度地缩小故障范围，每一段电流保护都应该先跳母联，再跳本侧，最后跳三侧，考虑到Ⅲ段电流保护动作概率小，故只提供了跳母联和跳三侧的两时限。

c. 按照DL/T 572—2010《电力变压器运行规程》的要求，变压器具备短期急救负载运行的能力，对于大型强油循环风冷和强油循环水冷的变压器，事故前0.7倍额定负荷时，允许事故后带1.5倍额定负荷运行30min；事故前1.2倍额定负荷时，允许事故后带1.34倍额定负荷运行30min。当并列运行的两台变压器，其中一台变压器停运时，负荷全部转移至另外一台变压器，必然造成运行变压器过负荷。作为变压器总后备的过流保护，此时不应动作，所以增加复压闭锁，以防止事故过负荷时过流保护误动作。

（2）零序方向过流保护，设置三段。

1) Ⅰ段带方向，方向可投退，指向可整定，过流元件可选择自产或外接，设三时限。

2) Ⅱ段带方向，方向可投退，指向可整定，过流元件可选择自产或外接，设三时限。

3) Ⅲ段不带方向，过流元件可选择自产或外接，设两时限。

（3）间隙过流保护，设置一段两时限，间隙过流和零序过压二者构成"或"逻辑。第1时限跳开小电源，第2时限跳开变压器各侧。

【释义】

a. Q/GDW 175—2008《变压器、高压并联电抗器和母线保护及辅助装置标准化设计规范》第5.1.2.3 d)条要求："间隙过流保护，间隙过流和零序过压二者构成'或门'逻辑。延时跳开变压器各侧断路器。"

b. Q/GDW 1175—2013《变压器、高压并联电抗器和母线保护及辅助装置标准化设计规范》改进原因：当主变低压分段断路器配置备自投时，为了提高备自投动作的成功率，主变保护跳闸前，应解列低压侧地区电源。

c. 对于老站无专用的间隙 TA 的问题，不采取增加间隙电流保护、零压保护共用软硬压板的解决办法，而在必要时应增加专用间隙 TA。

（4）零序过压保护，设置一段两时限，零序电压可选自产或外接。零序电压选外接时固定为 180V、选自产时固定为 120V，第 1 时限跳开小电源，第 2 时限跳开变压器各侧。

【释义】

a. Q/GDW 175—2008《变压器、高压并联电抗器和母线保护及辅助装置标准化设计规范》第 5.1.2.3 e）条要求："零序电压保护延时跳开变压器各侧断路器。"

b. 当主变低压分段断路器配置备自投时，为了提高备自投动作的成功率，主变保护跳闸前，应解列低压侧地区电源。

c. 由于智能变电站配置电子式互感器时无外接零序电压，因此增加零序电压取自产的选择；为兼容常规变电站和智能变电站，特增加选择自产和外接方式的控制字。

（5）失灵联跳，设置一段一时限。变压器中压侧断路器失灵保护动作后经变压器保护跳各侧断路器功能。变压器中压侧断路器失灵保护动作开入后，应经灵敏的、不需整定的电流元件带 50ms 延时后跳开变压器各侧断路器。

（6）过负荷保护，设置一段一时限，定值固定为本侧额定电流的 1.1 倍，延时 10s，动作于信号。

1.1.2.5　低压 1 分支后备保护配置

（1）复压过流保护，设置两段。

1）Ⅰ段带方向，方向可投退，指向可整定，复压可投退，设三时限。

2）Ⅱ段不带方向，复压可投退，设三时限。

【释义】

a. Q/GDW 175—2008《变压器、高压并联电抗器和母线保护及辅助装置标准化设计规范》第 5.1.2.4 条要求："过流保护，设置一段二时限，第 1 时限跳开本分支分段，第 2 时限跳开本分支断路器。""复压闭锁过流保护，设一段三时限，第 1 时限跳开本分支分段，第 2 时限跳开本分支断路器；第 3 时限跳开变压器各侧断路器。"

b. Q/GDW 1175—2013《变压器高压并联电抗器和母线保护及辅助装置标准化设计规范》改进原因：

a）2008 年 8 月 20—22 日在北京召开的标准化规范实施技术原则审查会明确要求："低压侧过流保护设一段三时限，第 1 时限跳开本分支分段，第 2 时限跳开本分支断路器，第 3 时限跳开各侧断路器。主要原因是：低压侧过流保护一般为限时速断保护，作为母线故障的主保护，增加第 3 时限，可用于跳主变各侧断路器，因为变压器低压侧不配置失灵保护，当低压侧故障，断路器失灵，而高压侧的后备保护又无灵敏度时，可由增加的第 3 时限跳主变各侧断路器来切除故障。另外，当主变低压侧不采用复压闭锁过流保护时，此过流保护可作为低压侧后备保护。

b）采用过流保护，由于要躲电机的自启动电流，所以电流定值较高，导致过流保护灵敏度不够时，可增加复压闭锁，以降低电流定值，从而提高过流保护的灵敏度。

c）Ⅰ段带方向的复压闭锁过流保护适用于主变低压侧有小电源接入的情况。

c. 过流保护主要作为本侧母线故障的主保护和出线的后备保护，在变压器低压侧近区故障时，动作时间不大于 2s，同时应有跳变压器各侧的时限。

d. 除设置"分支后备保护"压板控制过流保护和复压过流保护外，还为部分电网设置"分支复压过流"压板控制复压闭锁过流保护，可作为特殊版本，标准装置可不配置此压板。正常运行时一般投入"分支后备保护"压板。

（2）零序过压告警，设置一段一时限，固定取自产零序电压，定值固定 70V，延时 10s，动作于信号。

【释义】

220kV 低压侧通常为不接地系统，防止低压侧接地故障造成低压侧电压中性点偏移，增加零序过压告警功能，并采用自产零序电压，定值固定为 70V，躲过 TV 断线后零序电压值，延时时间参考过负荷告警时间。

（3）过负荷保护，设置一段一时限，采用低压 1 分支、2 分支和电流，定值固定为本侧额定电流的 1.1 倍，延时 10s，动作于信号。

【释义】

220kV 主变低压 1 分支的过负荷告警为变压器低压侧过负荷总告警，所以取低压 1 分支、2 分支 TA 的和电流。

1.1.2.6　低压 2 分支后备保护配置

（1）复压过流保护，设置两段。

1）Ⅰ段带方向，方向可投退，指向可整定，复压可投退，设三时限。

2）Ⅱ段不带方向，复压可投退，设三时限。

（2）零序过压告警，设置一段一时限，固定取自产零序电压，定值固定 70V，延时 10s，动作于信号。

【释义】

a. 低压 2 分支不需再配置过负荷告警功能。低压 1 分支的过负荷保护是低压侧总的过负荷（采用低压 1 分支、低压 2 分支 TA 的和电流）。

b. 低压 2 分支的复压过流保护配置要求同低压 1 分支的。其Ⅰ段带方向，方向可投退，指向可整定，含 3 个时限，一般可分别动作于跳本分支分段、跳本分支断路器、跳各侧断路器，与Ⅰ段是否投方向和方向的具体指向通常无关，有异于高、中压侧复压过流保护（在方向指向母线和变压器时跳不同侧的断路器）。

1.1.2.7　高、中压侧相间和接地阻抗保护（选配）配置

（1）带偏移特性的阻抗保护，配置如下：

1）指向变压器的阻抗不伸出对侧母线，作为变压器部分绕组故障的后备保护。

2）指向母线的阻抗作为本侧母线故障的后备保护。

（2）阻抗保护按时限判别是否经振荡闭锁：大于 1.5s 时，则该时限不经振荡闭锁，

否则经振荡闭锁。

【释义】

变压器阻抗保护动作整定时间根据运行方式不一样有不同的地区习惯。有的地区整定时间在 1.5s 以上可以躲过振荡闭锁，例如河北南网；有的地区阻抗跳分段为 0.5s 躲不过振荡周期，例如华东地区一般双母双分段接线正常运行时分段断开，如果分段合闸属于特殊运行方式，应防误动。为此精简了"是否经振荡闭锁"的控制字，改为变压器保护自行根据阻抗保护各时限判断是否经振荡闭锁，原则是大于 1.5s 时，该时限不经振荡闭锁，否则经振荡闭锁。当振荡中心在母线附近时，通过整定延时可能无法躲过，装置根据整定时间自动判别是否经振荡闭锁，最大考虑振荡周期 3s，进入阻抗圆的时间一般不超过 1.5s，因此设定为 1.5s。

变压器的距离保护为变压器部分绕组的后备保护，不作为变压器低压侧故障的后备。带偏移特性的阻抗保护，指向变压器的阻抗不伸出对侧母线，可靠系数宜取 70%；指向母线侧的定值按保证母线故障有足够灵敏度整定。时间定值应躲过系统振荡周期并满足主变过负荷的要求，不小于 1.5s。Q/GDW 422—2010《国家电网继电保护整定计算技术规范》第 6.4.3 条要求："距离保护为变压器的部分绕组的后备保护，不作为变压器低压侧故障的后备。带偏移特性的阻抗保护，指向变压器的阻抗不伸出对侧母线，可靠系数宜取 70%；指向母线侧的定值按保证母线故障有足够灵敏度整定。时间定值应躲系统振荡周期并满足主变过负荷的要求，不小于 1.5s。"

（3）设置一段三时限。

【释义】

220kV 主变的阻抗保护为选配功能，其高、中压侧的相间阻抗和接地阻抗都配置一段三时限，分别动作出口于跳本侧母联、跳本侧断路器、跳开各侧断路器。

1.1.2.8 低压侧小电阻接地零序方向过流保护和接地变后备保护（选配）配置

（1）低压每分支分别设置零序方向过流保护一段两时限，固定取自产零序电流，第 1 时限跳开本分支分段，第 2 时限跳开本分支断路器。

（2）接地变后备保护配置如下：

1）速断过流一段一时限，时间固定为 0s，跳开本分支断路器。

2）过流保护一段一时限，延时跳开本分支断路器。

3）零序方向过流保护两段，Ⅰ段三时限，第 1 时限跳开本分支分段，第 2 时限跳开本分支断路器，第 3 时限跳开变压器各侧断路器。Ⅱ段 1 时限，延时跳开本分支断路器。

【释义】

a. 低压引线上安装接地变。

a）接地变保护应在变压器保护中配置，如果变压器保护的差动保护采用星转角方式进行高低压侧电流相位转换，变压器低压侧电流需要滤除零序电流后计算差流。

b）在定值项中增加"接地变在低压引线上"的自定义控制字，采用星转角方式下使用；角转星方式的不需要使用该控制字。

c）接地变首端 TA 配置特性差异大，不建议接入差动保护。

b. 低压母线上安装接地变。

a）接地变保护独立配置，需要在独立的接地变保护的过流保护采取滤除零序电流措施。

b）变压器差动低压侧无须滤除零序电流后计算差流，变压器低压侧后备不用滤除零序电流。

c. 在低压引线或低压母线上安装接地变，接地变相间后备（无论在变压器保护里配置还是独立配置）可以固定滤除零序电流，变压器低压侧后备相间保护可以不滤除零序电流。

d. 兼容小电阻接线型式，保留外接零序电流的功能。

1.1.2.9　低压侧限流电抗器后备保护（选配）配置

（1）复压过流，设置一段两时限。

（2）当低压侧仅配置 1 台电抗器时，低压侧电抗器复压取低压两分支电压，第 1 时限跳开两分支断路器，第 2 时限跳开变压器各侧断路器。

（3）当低压侧按分支分别配置电抗器时，复压取本分支电压，第 1 时限跳开本分支断路器，第 2 时限跳开变压器各侧断路器。

【释义】

a. 为了限制变压器低压侧的短路容量，低压侧可能配置限流电抗器，此时高中压侧后备保护对电抗器内部故障可能无灵敏度，但由于限流电抗器在变压器差动保护范围内，两套主保护互为后备，已满足运行规程要求，且电抗器故障概率低，单相接地和匝间短路都可以不跳闸，对双重化配置的变压器保护而言，一般不需配置此套保护。同时，为了满足后备保护逐级配合的原则，限流电抗器可配置独立的后备保护。所以，此保护为可选配置。

b. 当 220kV 主变压器低压侧电抗器仅配置 1 台时（即总电抗），应将设备参数定值中低压 2 分支电抗器 TA 一次值整定为"0"，这时低压侧电抗器复压取低压侧两分支的电压；当主变低压侧配置 2 台电抗器时（即按分支分别配置），应将低压 1 分支、2 分支电抗器 TA 值按实际情况整定，这时复压取自本分支电压。

低压电抗器不单独设置复压定值，与本分支后备保护共用复压定值（低电压、负序电压闭锁定值）。

1.1.2.10　公共绕组后备保护（选配）配置

【释义】

该部分为 Q/GDW 1175—2013《变压器、高压并联电抗器和母线保护及辅助装置标准化设计规范》新增条款，含一段一时限的公共绕组零序电流保护和过负荷保护，为 220kV 主变保护的可选配功能。Q/GDW 175—2008《变压器、高压并联电抗器和母线保护及辅助装置标准化设计规范》中仅 330kV 及以上的主变保护配置一段一时限的公共绕组后备保护。

公共绕组后备保护（选配）配置如下：

（1）零序方向过流保护，设置一段一时限，采用自产零序电流和外接零序电流"或门"判断，跳闸或告警可选；保护定值按照公共绕组 TA 变比整定，保护装置根据公共绕组零序 TA 变比自动折算。

【释义】

a. 一般新建工程变压器中性点不装设外接零序 TA，只装设三相公共绕组 TA，公共绕组零序电流保护宜采用自产零序电流；对于改造工程，可能只有外接零序 TA，而公共绕组无保护用 TA，因此当变压器不具备时，可采用外接中性点 TA 电流。

b. 当发生单相接地短路故障时，流过公共绕组的零序电流为高压侧和中压侧零序电流之差，不能真实地反映故障电流，所以，高中压侧的零序方向过流保护应接到高、中压侧三相 TA 的零序回路。公共绕组零序方向过流保护作为后备保护，带长延时，在多数情况下，可以起到后备作用。特别是高压侧或中压侧断路器断开运行时，中性点的零序电流等于故障侧的零序电流，可以起到较好的后备保护作用。该套保护动作后固定作用于信号，同时为了满足部分地区零序方向过流保护投跳闸的要求，可通过控制字选择是否作用于跳闸。

c. 为了兼容工程中仅配置公共绕组中性点零序 TA 的情况，同时取公共绕组电流和中性点零序电流。如果公共绕组 TA 和公共绕组零序 TA 只有一组接入保护装置，则自耦变公共绕组 TA 一次值及公共绕组零序 TA 一次值均按该组 TA 参数整定，公共绕组零序过流定值按接入的 TA 整定。如果公共绕组 TA 和公共绕组零序 TA 都接入装置，则公共绕组 TA 一次值、公共绕组零序 TA 一次值按实际整定，公共绕组零序过流定值按公共绕组 TA 整定，保护自动将公共绕组零序 TA 折算到公共绕组 TA。

（2）过负荷保护，设置一段一时限，定值固定为本侧额定电流的 1.1 倍，延时 10s，动作于信号。

【释义】

公共绕组运行方式有差异时，可能出现变压器各侧均未过负荷，而公共绕组已经过负荷，因此必须独立配置公共绕组过负荷告警功能，公共绕组额定电流为中压侧与高压侧额定电流之差，即 $I_{GE} = I_{ME} - I_{HE}$。过负荷保护电流值固定为 $1.1 I_{GE}$，动作时间为 10s。

1.1.3　330kV 电压等级变压器保护功能配置

1.1.3.1　功能配置表

330kV 电压等级变压器保护功能配置见表 1-2。

表 1-2　　　　　　　　　330kV 电压等级变压器保护功能配置表

类别	序号	功能描述	段数及时限	说　　明	备注
主保护	1	差动速断保护	—		
	2	纵联差动保护	—		
	3	分侧差动保护	—		
	4	故障分量差动保护	—		自定义

续表

类别	序号	功能描述	段数及时限	说　明	备注
高压侧后备保护	5	相间阻抗保护	Ⅰ段四时限		
	6	接地阻抗保护	Ⅰ段四时限		
	7	复压过流保护	Ⅰ段两时限		
	8	零序方向过流保护	Ⅰ段四时限、Ⅱ段两时限	Ⅰ段带方向，固定指向本侧母线，过流元件固定取自产。Ⅱ段不带方向，过流元件可选择取自产或外接	
	9	定时限过励磁告警	Ⅰ段一时限		
	10	反时限过励磁保护		可选择跳闸或告警	
	11	失灵联跳	Ⅰ段一时限		
	12	间隙过流保护	Ⅰ段一时限		
	13	零序过压保护	Ⅰ段一时限	零序电压可选自产或外接	
	14	过负荷保护	Ⅰ段一时限	固定投入	
中压侧后备保护	15	相间阻抗保护	Ⅰ段四时限、Ⅱ段四时限		
	16	接地阻抗保护	Ⅰ段四时限、Ⅱ段四时限		
	17	复压过流保护	Ⅰ段两时限		
	18	零序方向过流保护	Ⅰ段四时限、Ⅱ段四时限	Ⅰ段带方向，固定指向母线，过流元件固定取自产。Ⅱ段不带方向，过流元件可选择自产或外接	
	19	间隙过流保护	Ⅰ段两时限		
	20	零序过压	Ⅰ段两时限	零序电压可选自产或外接	
	21	失灵联跳	Ⅰ段一时限		
	22	过负荷保护	Ⅰ段一时限	固定投入	
低压侧后备保护	23	过流保护	Ⅰ段两时限		
	24	复压过流保护	Ⅰ段两时限		
	25	零序过压告警	Ⅰ段一时限	固定采用自产零序电压	
	26	过负荷保护	Ⅰ段一时限	固定投入	
公共绕组后备保护	27	零序过流保护	Ⅰ段两时限	自产零流和外接零流"或"门判别	
	28	过负荷保护	Ⅰ段一时限	固定投入	
类别	序号	基础型号	代码	备　注	
	29	330kV 变压器	T3		

1.1.3.2　主保护配置

（1）纵联差动保护。纵差保护是指由变压器各侧外附 TA 构成的差动保护，该保护能反映变压器各侧的各类故障。

【释义】

每套一体化的变压器保护装置必须配置一套纵联差动保护，是基于磁势平衡原理的差动保护，能反映变压器内部的相间故障、匝间故障。

（2）为提高切除自耦变压器内部单相接地短路故障的可靠性，可配置由高、中压侧和公共绕组 TA 构成的分侧差动保护。

（3）可配置不需整定的零序分量、负序分量或变化量等反映轻微故障的故障分量差动保护。零序分量、负序分量或变化量等反映轻微故障的差动保护称为故障分量差动保护。

1.1.3.3　高压侧后备保护配置

（1）带偏移特性的阻抗保护。

1）指向变压器的阻抗不伸出中压侧母线，作为变压器部分绕组故障的后备保护。

2）指向母线的阻抗作为本侧母线故障的后备保护。

3）阻抗保护按时限判别是否经振荡闭锁：大于 1.5s 时，则该时限不经振荡闭锁；否则经振荡闭锁。

4）设置一段四时限，当为双母双分段主接线时，第 1 时限跳开分段，第 2 时限跳开母联，第 3 时限跳开本侧断路器，第 4 时限跳开变压器各侧断路器。

【释义】

a. GB/T 14285—2006《继电保护和安全自动装置技术规程》的第 4.3.5.2 条规定"110～500kV 降压变压器、升压变压器和系统联络变压器，相间短路后备保护用过流保护不能满足灵敏性要求时，宜采用复压启动的过流保护或复合电流保护"，即不推荐采用阻抗保护。主要原因是：以前变压器保护所配置的阻抗保护安全措施不如线路的距离保护，实际运行中正确动作率偏低。为了便于运行管理和整定配合，运行单位主张采用阻抗保护，所以，在阻抗保护中增加了电流启动元件和 TV 断线闭锁的安全措施后，目前 330 kV 及以上变压器保护均采用阻抗保护。

b. 指向变压器的阻抗伸出对侧母线时，将会造成阻抗保护无选择性动作，整定计算时需要考虑正反方向故障的配合关系，为了简化后备保护的整定计算，指向变压器的阻抗不伸出对侧母线。

c. 含相间阻抗和接地阻抗保护，主要作为母线和出线故障的后备保护，接地阻抗零序补偿系数 k 只是对指向母线阻抗定值有效，可与母线上连接的线路整定为相同值。

（2）复压过流保护，设置一段两时限，第 1 时限跳开本侧断路器，第 2 时限跳开变压器各侧断路器。

【释义】

a. Q/GDW 175—2008《变压器、高压并联电抗器和母线保护及辅助装置标准化设计规范》第5.1.1.2 b)条要求："复压闭锁过流保护，延时跳开变压器各侧断路器。"

b. 因为阻抗保护在 TV 断线时要退出运行，同时过流保护又是最简单和可靠的保护，所以，为确保任何时候都不失去后备保护，配置复压闭锁过流保护。

c. 按照 DL/T 572—2010《电力变压器运行规程》的要求，变压器具备短期急救负载运行的能力，对于大型强油循环风冷和强油循环水冷的变压器，事故前 0.7 倍额定负荷时，允许事故后带 1.5 倍额定负荷运行 30min；事故前 1.2 倍额定负荷时，允许事故后带 1.34 倍额定负荷运行 30min。当并列运行的两台变压器，其中一台变压器停运时，负荷全部转移至另外一台变压器，必然造成运行变压器过负荷。作为变压器总后备的过流保护，此时不应动作，所以增加复压闭锁，以防止事故过负荷时过流保护误动作。

（3）零序电流保护，设置两段。

1）Ⅰ段经方向闭锁，固定指向母线，过流元件固定取自产。设置四时限，当为双母双分段主接线时，第 1 时限跳开分段，第 2 时限跳开母联，第 3 时限跳开本侧断路器，第 4 时限跳开变压器各侧断路器。

2）Ⅱ段不经方向闭锁，过流元件可选择取自产或外接，设置两时限，第 1 时限跳开本侧断路器，第 2 时限跳开变压器各侧断路器。

【释义】

a. Q/GDW 175—2008《变压器、高压并联电抗器和母线保护及辅助装置标准化设计规范》第5.1.1.2 c)条要求："零序电流保护，保护为两段式，Ⅰ段带方向，方向指向母线，延时跳开本侧断路器；Ⅱ段不带方向，延时跳开变压器各侧断路器。"

b. 零序电流Ⅰ段作为本侧母线和相邻线路的后备保护，零序电流Ⅱ段作为接地故障总后备保护。除自耦变外，宜取接地侧中性点 TA 电流，以防止变压器某一侧断路器断开零序电流保护失效。为了简化保护的整定配合，Ⅰ段固定带方向且指向母线，Ⅱ段固定不带方向。按 DL/T 559—2007《220～750kV 电网继电保护装置运行整定规程》的第 7.2.14.1 条和第 7.2.14.2 条的要求，Ⅰ段可与被保护母线配出线的零序保护第Ⅰ段或第Ⅱ段配合整定；Ⅱ段按与线路零序电流保护最末一段配合整定。

c. 当采用了接地阻抗保护时，宜简化零序电流保护，此时可只保留最末一段零序电流保护即可。

（4）过励磁保护，应能实现定时限告警和反时限跳闸或告警功能，反时限曲线应与变压器过励磁特性匹配。

【释义】

过励磁保护容易误动，主要原因是启动定值低，返回系数低，变压器过励磁时励磁阻抗低，发热量大，不利于变压器安全运行。反时限曲线应与变压器过励磁特性匹配，其含义如下：

a. 应按变压器过励磁特性的实际曲线的电压基准值整定，而不是以额定二次电压 57.7V 为基准，保护装置应按用户参数自动折算。

b. 为防止 TV 二次回路异常导致过励磁保护误动作，采用 3 个相电压"与门"逻辑。

c. 反时限段动作特性可整定，分成七段（实际为 7 个点），过励磁倍数的范围为

1.1~1.5，其中第Ⅰ段过励磁倍数定值可整定，后续各段定值按照级差为0.05依次递增。过励磁保护按热积累方式计算，只要超过起始倍数，保护就会保持，直至动作，所以返回系数要尽可能高，应不小于0.97。

Q/GDW 175—2008《变压器、高压并联电抗器和母线保护及辅助装置标准化设计规范》的七段时间定值对应的过励磁倍数固定为1.10~1.40（级差0.05），而Q/GDW 1175—2013《变压器、高压并联电抗器和母线保护及辅助装置标准化设计规范》在定值清单中增加一个定值"反时限过励磁Ⅰ段倍数"，是可以整定的。

d. 过励磁保护定时限段动作后固定告警发信，反时限段可通过控制字选择告警还是跳闸。主要原因是，TV二次回路异常可能导致过励磁保护误动，可根据电网实际情况选择过励磁保护是否动作于跳闸。

（5）失灵联跳，设置一段一时限。高压侧断路器失灵保护动作后跳变压器各侧断路器功能。高压侧断路器失灵保护动作开入后，应经灵敏的、不需整定的电流元件并带50 ms延时后跳变压器各侧断路器。

（6）间隙过流保护，设置一段一时限，间隙过流和零序过压二者构成"或"逻辑，延时跳开变压器各侧断路器。

【释义】

考虑到西北地区新能源接入的电厂需采用三绕组变压器，增加间隙相关保护。

（7）零序过压保护，设置一段一时限，零序电压可选自产或外接。零序电压选外接时固定为180V、选自产时固定为120V，延时跳开变压器各侧断路器。

（8）过负荷保护，设置一段一时限，定值固定为本侧额定电流的1.1倍，延时10s，动作于信号。

1.1.3.4 中压侧后备保护配置

（1）带偏移特性的阻抗保护。

1）指向变压器的阻抗不伸出高压侧母线，作为变压器部分绕组故障的后备保护。

2）指向母线的阻抗作为本侧母线故障的后备保护。

3）阻抗保护按时限判别是否经振荡闭锁：大于1.5s时，则该时限不经振荡闭锁，否则经振荡闭锁。

4）设置两段，Ⅰ段四时限，第1时限跳开分段，第2时限跳开母联，第3时限跳开本侧断路器，第4时限跳开变压器各侧断路器；Ⅱ段四时限，第1时限跳开分段，第2时限跳开母联，第3时限跳开本侧断路器，第4时限跳开变压器各侧断路器。

【释义】

a. Q/GDW 175—2008《变压器、高压并联电抗器和母线保护及辅助装置标准化设计规范》第5.1.1.3 a）条要求："带偏移特性的阻抗保护。指向变压器的阻抗不伸出高压侧母线，作为变压器部分绕组故障的后备保护，指向母线的阻抗作为本侧母线故障的后备保护。设置一段四时限，第1时限跳开分段，第2时限跳开母联，第3时限跳开本侧断路器，第4时限跳开变压器各侧断路器。

b. 2008年8月20—22日在北京召开的标准化规范实施技术原则审查会明确要求：

330kV 变压器中压侧指向母线的阻抗保护改为两段，各 4 个时限，分别跳分段、母联、本侧断路器和各侧断路器；330kV 变压器保护可作为单独的版本。

　　c. 对于变压器后备保护跳母联（分段）的特殊考虑如下：

　　a）是否跳分段和母联：①双侧电源的系统，如线路对侧距离Ⅱ段动作时间小于变压器后备保护跳母联（分段）时间，线路或母线故障时，线路对侧距离Ⅱ段将抢先动作；②按照 DL/T 559—2007《220～750kV 电网继电保护装置运行整定规程》的第 7.2.14.3 条、第 7.2.14.4 条、第 7.2.14.5 条和 GB/T 14285—2006《继电保护和安全自动装置技术规程》的第 4.3.6.1 条和第 4.3.7.1 条的相关要求，某些情况下需要跳母联（分段）达到"缩小故障影响范围"的目的。

　　b）后备保护跳母联和分段的时间：①正常运行时，由中压侧母线保护的快速动作来缩小故障范围，母线保护退出运行时，应以系统的稳定要求来决定跳母联和分段的时间；②在某些运行方式下，先跳分段后跳母联，可以避免损失部分负荷。

　　(2) 复压过流保护，设置一段两时限，第 1 时限跳开本侧断路器，第 2 时限跳开变压器各侧断路器。

　　(3) 零序过流保护，设置两段。

　　1) Ⅰ段带方向，固定指向母线，过流元件固定取自产，设四时限，第 1 时限跳开分段，第 2 时限跳开母联，第 3 时限跳开本侧断路器，第 4 时限跳开变压器各侧断路器。

　　2) Ⅱ段不带方向，过流元件可选择自产或外接，设四时限，第 1 时限跳开分段，第 2 时限跳开母联，第 3 时限跳开本侧断路器，第 4 时限跳开变压器各侧断路器。

　　【释义】

　　a. Q/GDW 175—2008《变压器、高压并联电抗器和母线保护及辅助装置标准化设计规范》第 5.1.1.3 c）条要求："零序电流保护，保护为两段式。Ⅰ段带方向，方向指向母线，设三时限，第 1 时限跳开分段，第 2 时限跳开母联，第 3 时限跳开本侧断路器；Ⅱ段不带方向，延时跳开变压器各侧断路器"。

　　b. 零序电流保护既可以保护接地故障，又可以反映其他原因形成的零序电流。例如：相邻线路非全相运行时，阻抗保护不反映非全相运行状态，由于相邻线路非全相运行的零序电流较小，可能只导致零序Ⅱ段保护动作，Q/GDW 175—2008《变压器、高压并联电抗器和母线保护及辅助装置标准化设计规范》的零序Ⅱ段动作直接跳变压器各侧，无跳分段、母联时限，将造成两台变压器同时跳闸，扩大了事故范围，故零序Ⅱ段的动作时限要大于变压器、相邻线路断路器非全相的动作时间。Q/GDW 1175—2013《变压器、高压并联电抗器和母线保护及辅助装置标准化设计规范》的零序Ⅱ段为四时限，可以先跳分段和母联，从而避免了事故范围的扩大。

　　c. 2008 年 8 月 20—22 日在北京召开的标准化规范实施技术原则审查会明确要求：330kV 变压器中压侧零序电流保护改为两段，各四时限，分别跳分段、母联、本侧断路器和各侧断路器。

　　(4) 间隙过流保护，设置一段两时限，间隙过流和零序过压二者构成"或"逻辑。第 1 时限跳开小电源，第 2 时限跳开变压器各侧断路器。

【释义】

考虑到西北地区新能源接入的电厂需采用三圈变，增加间隙相关保护。

（5）零序过压保护，设置一段两时限，零序电压可选自产或外接。零序电压选外接时固定为 180V、选自产时固定为 120V，第 1 时限跳小电源，第 2 时限跳各侧。

（6）失灵联跳，设置一段一时限，变压器中压侧断路器失灵保护动作后跳变压器各侧断路器功能。变压器中压侧断路器失灵保护动作开入后，应经灵敏的、不需整定的电流元件并带 50 ms 延时后跳变压器各侧断路器。

（7）过负荷保护，设置一段一时限，定值固定为本侧额定电流的 1.1 倍，延时 10s，动作于信号。

1.1.3.5 低压侧后备保护配置

【释义】

a. 低压侧电流同时取外附 TA 电流和三角内部套管（绕组）TA 电流。两组电流由装置软件折算至以变压器低压侧额定电流为基准后共用电流定值和时间定值。套管 TA 二次侧应采用丫形接线接入变压器保护；为防止高中压侧区外接地故障时，套管 TA 中流过的零序电流导致低压侧过流保护误动作，应采用软件滤除零序电流措施。

b. 电流定值采用变压器额定电流倍数，由保护装置按套管 TA 和外附 TA 的变比进行折算。

c. 过流保护电流定值保低压母线有足够灵敏度，作为母线故障的主保护，复压过流保护电流定值较灵敏，作为低压侧母线、无功设备和站用电源的后备保护。

d. 因 330～500 kV 变压器低压侧仅有无功设备和站用电源，低压侧后备保护受运行方式的影响较小，根据 DL/T 559—2007《220～750kV 电网继电保护装置运行整定规程》中第 7.2.9.5 条的要求，将负序电压 U_2 固定为 4V；当低压侧有调相机时，低电压定值应根据实际情况进行整定。

（1）过流保护，设置一段两时限，第 1 时限跳开本侧断路器，第 2 时限跳开变压器各侧断路器。

【释义】

a. Q/GDW 175—2008《变压器、高压并联电抗器和母线保护及辅助装置标准化设计规范》第 5.1.1.4 a）条要求："过流保护延时跳开本侧断路器。"

b. 2008 年 8 月 20—22 日在北京召开的标准化规范实施技术原则审查会明确要求：330kV 及以上电压等级变压器的低压侧过流保护改为两时限。第 1 时限跳本侧，第 2 时限跳各侧。主要原因是：低压侧过流保护一般为限时速断保护，作为母线故障的主保护，增加第 2 时限，可用于跳主变各侧断路器。另外，当主变低压侧不采用复压闭锁过流保护时，此过流保护可作为低压侧后备保护。

（2）复压过流保护，设置一段两时限，第 1 时限跳开本侧断路器，第 2 时限跳开变压器各侧断路器。

【释义】

当采用过流保护灵敏度能满足要求时，主变低压侧可不配置此保护。

（3）零序过压告警，设置一段一时限，固定取自产零序电压，定值固定 70V，延时 10s，动作于信号。

（4）过负荷保护，设置一段一时限，定值固定为本侧额定电流的 1.1 倍，延时 10s，动作于信号。

1.1.3.6　公共绕组后备保护配置

（1）零序过流保护，设置一段两时限，采用自产零序电流和外接零序电流"或门"判断，跳闸或告警可选；保护定值按照公共绕组 TA 变比整定，保护装置根据公共绕组零序 TA 变比自动折算。

【释义】

330kV 的公共绕组零流保护为一段两时限，比 220kV 的增加第 2 时限是为了适应西北地区用户的需求，防止多台主变同时跳闸，为了能够在误动情况下减小影响范围，采用了两时限分别跳各侧分段母联以及跳各侧断路器的方式实现。

（2）过负荷保护，设置一段一时限，定值固定为本侧额定电流的 1.1 倍，延时 10s，动作于信号。

1.1.4　500kV 电压等级变压器保护功能配置

1.1.4.1　功能配置表

500kV 电压等级变压器保护功能配置表见表 1-3。

表 1-3　　　　　　　　　　500kV 电压等级变压器保护功能配置表

类别	序号	功能描述	段数及时限	说　　明	备注
主保护	1	差动速断保护	—		
	2	纵联差动保护	—		
	3	分相差动保护	—		
	4	低压侧小区差动保护	—		
	5	分侧差动保护	—		
	6	故障分量差动保护	—		自定义
高压侧后备保护	7	相间阻抗保护	Ⅰ段两时限		
	8	接地阻抗保护	Ⅰ段两时限		
	9	复压过流保护	Ⅰ段一时限		
	10	零序过流保护	Ⅰ段两时限、Ⅱ段两时限、Ⅲ段一时限	Ⅰ段、Ⅱ段带方向，方向可投退，指向可整定。Ⅲ段不带方向，方向元件和过流元件均取自产零序电流	
	11	定时限过励磁告警	Ⅰ段一时限		
	12	反时限过励磁保护	—	可选择跳闸或告警	
	13	失灵联跳	Ⅰ段一时限		
	14	过负荷保护	Ⅰ段一时限	固定投入	

续表

类别	序号	功能描述	段数及时限	说　明	备注
中压侧后备保护	15	相间阻抗保护	Ⅰ段四时限		
	16	接地阻抗保护	Ⅰ段四时限		
	17	复压过流保护	Ⅰ段一时限		
	18	零序方向过流保护	Ⅰ段三时限、Ⅱ段三时限、Ⅲ段一时限	Ⅰ段、Ⅱ段带方向，方向可投退，方向指向可整定。Ⅲ段不带方向，方向元件和过流元件均取自产零序电流	
	19	失灵联跳	Ⅰ段一时限		
	20	过负荷保护	Ⅰ段一时限	固定投入	
低压绕组后备保护	21	过流保护	Ⅰ段二时限		
	22	复压过流保护	Ⅰ段二时限		
	23	过负荷保护	Ⅰ段一时限	固定投入	
低压侧后备保护	24	过流保护	Ⅰ段二时限		
	25	复压过流保护	Ⅰ段二时限		
	26	零序过压告警	Ⅰ段一时限	固定采用自产零压	
	27	过负荷保护	Ⅰ段一时限	固定投入	
公共绕组后备保护	28	零序过流保护	Ⅰ段一时限	自产零流和外接零流"或"门判别	
	29	过负荷保护	Ⅰ段一时限	固定投入	
类别	序号	基础型号	代码	备　注	
	30	500kV 变压器	T5		

【释义】

为适应 500kV 变压器高压侧双母单分、双母双分接线的情况，需要高压侧零序方向过流满足四时限的需求，可通过整定高压侧零序Ⅰ段和零序Ⅱ段定值以适应。

1.1.4.2　主保护配置

（1）配置纵联差动保护或分相差动保护。若仅配置分相差动保护，在低压侧有外附 TA 时，需配置不需整定的低压侧小区差动保护。

（2）为提高切除自耦变压器内部单相接地短路故障的可靠性，可配置由高、中压侧和公共绕组 TA 构成的分侧差动保护。

（3）可配置不需整定的零序分量、负序分量或变化量等反映轻微故障的故障分量差动保护。

注：1）分相差动保护是指将变压器的各相绕组分别作为被保护对象，由每相绕组的各侧 TA 构成的差动保护，该保护能反映变压器某一相各侧全部故障；低压侧小区差动保护是由低压侧三角形两相绕组内部 TA 和一个反映两相绕组差电流的外附 TA 构成的差动保护。分相差动保护是指由变压器高、中压侧外附 TA 和低压侧三角内部套管（绕组）

TA 构成的差动保护。

2）分侧差动保护是指将变压器的各侧绕组分别作为被保护对象，由各侧绕组的首末端 TA 按相构成的差动保护，该保护不能反映变压器各侧绕组的全部故障。高中压和公共绕组分侧差动保护指由自耦变压器高、中压侧外附 TA 和公共绕组 TA 构成的差动保护。

3）零序分量、负序分量或变化量等反映轻微故障的差动保护称为故障分量差动保护。

【释义】

a. 差动速断保护。差动速断保护是防止在变压器电源侧的近端发生区内故障时，由于 TA 饱和而导致差动保护拒动而设置。

b. 纵联差动保护。纵联差动保护是基于磁势平衡原理的差动保护，能反映变压器内部的相间故障、接地故障、部分匝间故障。

变压器各侧 TA 二次电流相位由软件自校正，主要有 2 种方式，以 YN,d11 接线变压器为例进行说明。

a）以△侧电流为基准，用丫侧电流进行校正相位，其校正方法为

$$
\begin{aligned}
I_{AH} &= I_{ah} - I_{bh} \\
I_{BH} &= I_{bh} - I_{ch} \\
I_{CH} &= I_{ch} - I_{ah}
\end{aligned}
\tag{1-1}
$$

式中　I_{ah}、I_{bh}、I_{ch} ——丫侧 TA 二次电流；

　　　I_{AH}、I_{BH}、I_{CH}——丫侧校正后的各相电流。

b）以丫侧电流为基准，用△侧电流进行校正相位，其校正方法为

$$
\begin{aligned}
I_{AL} &= \frac{I_{al} - I_{bl}}{\sqrt{3}} \\
I_{BL} &= \frac{I_{bl} - I_{cl}}{\sqrt{3}} \\
I_{CL} &= \frac{I_{cl} - I_{al}}{\sqrt{3}}
\end{aligned}
\tag{1-2}
$$

式中　I_{al}、I_{bl}、I_{cl} ——△侧 TA 二次电流；

　　　I_{AL}、I_{BL}、I_{CL}——△侧校正后的各相电流。

从滤除零序电流措施角度比较，前一种方法比较好地保留了励磁涌流波形特征，便于更快地开放差动保护出口。

对于 YN,d 接线而且高压侧丫侧中性点接地的变压器，当高压侧区外接地时，高压侧丫侧有零序电流通过，但是由于低压侧是△联接，在低压侧无零序电流通过，这样两侧零序电流差将导致纵联差动保护误动。为避免这种情况，需要采取滤除零序电流的措施。

采用前一种校正方式，由于从丫侧进入各相差动元件的电流已经是两相电流之差了，已经将零序电流滤除，不用再采取滤除零序电流措施。

采用后一种校正方式，由于从丫侧进入各相差动元件的电流是原始采集量，需要另外

采取滤除零序电流措施。滤除零序电流措施一般为

$$I_{AH} = I_{ah} - \frac{I_{ah} + I_{bh} + I_{ch}}{3}$$

$$I_{BH} = I_{bh} - \frac{I_{ah} + I_{bh} + I_{ch}}{3} \qquad (1-3)$$

$$I_{CH} = I_{ch} - \frac{I_{ah} + I_{bh} + I_{ch}}{3}$$

采取滤除零序电流的措施后，从差电流构成来看，Y侧电流中损失了零序分量，Y侧接地故障的灵敏度受到影响。

c. 分相差动保护、低压侧小区差动保护、低压侧小区差动保护。从差电流构成来看，分相差动保护高、中、低压侧均采用相电流，差电流中保留了全部故障分量，同时，励磁涌流的特征也全部保留，所以，分相差动对各种故障的反映能力强，励磁涌流的特征明显，总体性能较好，但不能保护低压侧引线，所以，在低压侧有外附 TA 时，需配置不需整定的低压侧小区差动保护，而小区差动保护只反映电的联系，不存在励磁涌流形成的差电流，但要考虑 TA 传变的暂态误差，主要采用比率制动特性解决，差电流动作值可以与分相差动保护相同。

d. 分侧差动保护。分侧差动保护基于节点电流为 0 的原理，差电流中保留了全部故障分量，接地故障的灵敏度高于纵联差动保护，但不能反映匝间故障。自耦变压器宜配置分侧差动保护。

e. 故障分量差动保护（负序、零序、变化量）。故障分量差动保护不受负荷电流的影响，反映三侧负序分量、变化量电流的负序分量、变化量差动保护、零序差动保护，也能反映匝间故障。故障分量差动保护灵敏度高，但容易受到干扰，需要辅助判据、延时来确保安全性，其动作门槛和抗干扰措施宜由制造厂自行确定。不宜配置采用中性点 TA 的零序差动保护，因为无法采取有效措施监视中性点 TA 断线，并且极性测试困难，容易导致误动。但可采用公共绕组的自产零序电流构成零序差动保护，有条件时，可配置零序差动保护。

f. 变压器差动保护说明及配置原则见表 1-4。

表 1-4   变压器差动保护说明及配置原则

序号	内容	差动速断保护	纵联差动保护	分相差动保护	低压侧小区差动保护	分侧差动保护	故障分量差动保护
1	TA 取法	各侧外附 TA	各侧外附 TA	高、中压侧外附 TA 和低压侧三角内部套管（绕组）TA	低压侧三角内部套管（绕组）TA 和低压侧外附 TA	高、中压侧外附 TA 和公共绕组 TA	各侧外附 TA
2	保护范围	各侧绕组及引线各种故障	各侧绕组及引线各种故障	高、中压侧引线及各侧绕组各种故障	低压侧绕组和引线故障	高、中压侧相间及接地故障	轻微故障

续表

序号	内容	差动速断保护	纵联差动保护	分相差动保护	低压侧小区差动保护	分侧差动保护	故障分量差动保护
3	保护特点		有相位和幅值转换，去零序电流，对相间故障灵敏度高，对接地故障灵敏度较低，反映匝间故障、非单相涌流	无相位和幅值转换，含有全部故障分量，对相间故障、接地故障灵敏度都高，反映匝间故障、单相涌流		不反映匝间故障，无涌流闭锁问题	灵敏度高
4	220kV三绕组变压器	必配	必配	无	无		在保证安全的情况下尽量配置
5	330kV三绕组变压器	必配	必配	无	无	无	在保证安全的情况下尽量配置
6	330kV三相自耦变	必配	必配	无	无	必配	在保证安全的情况下尽量配置
7	500kV单相自耦变	必配	与分相差动保护任选其一	与纵联差动保护任选其一	当在低压侧有外附TA时配置，与分相差动保护一起形成完整的保护	必配	在保证安全的情况下尽量配置
8	750kV单相自耦变	必配	与分相差动保护任选其一	与纵联差动保护任选其一	当在低压侧有外附TA时配置，与分相差动保护一起形成完整的保护	必配	在保证安全的情况下尽量配置

g. 变压器差动保护配置如图 1—1 所示。

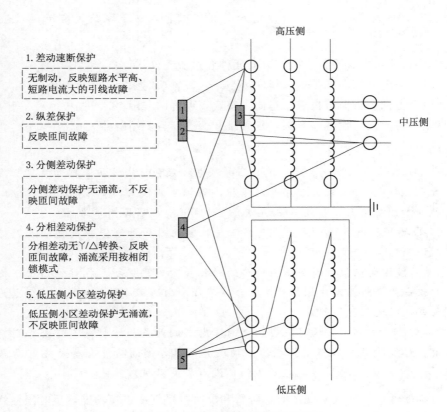

图 1-1 变压器差动保护配置示意图

1.1.4.3 高压侧后备保护配置

（1）带偏移特性的阻抗保护。

1）指向变压器的阻抗不伸出中压侧母线，作为变压器部分绕组故障的后备保护。

2）指向母线的阻抗作为本侧母线故障的后备保护。

3）阻抗保护按时限判别是否经振荡闭锁：大于 1.5s 时，则该时限不经振荡闭锁；否则经振荡闭锁。

4）设置一段两时限，第 1 时限跳开本侧断路器，第 2 时限跳开变压器各侧断路器。

（2）复压过流保护，设置一段一时限，延时跳开变压器各侧断路器。

【释义】

a. 因为阻抗保护在 TV 断线时要退出运行，同时过流保护又是最简单和可靠的保护，所以，为确保任何时候都不失去后备保护，配置复压闭锁过流保护。

b. 按照 DL/T 572—2010《电力变压器运行规程》的要求，变压器具备短期急救负载运行的能力，对于大型强油循环风冷和强油循环水冷的变压器，事故前 0.7 倍额定负荷时，允许事故后带 1.5 倍额定负荷运行 30min；事故前 1.2 倍额定负荷时，允许事故后带 1.34 倍额定负荷运行 30min。当并列运行的两台变压器，其中一台变压器停运时，负荷全部转移至另外一台变压器，必然造成运行变压器过负荷。作为变压器总后备的过流保护，此时不应动作，所以增加复压闭锁，以防止事故过负荷时过流保护误动作。

（3）零序过流保护，设置三段，方向元件和过流元件均取自产零序电流。

1）Ⅰ段带方向，方向可投退，指向可整定，设置两时限。

2）Ⅱ段带方向，方向可投退，指向可整定，设置两时限。

3）Ⅲ段不带方向，设置一时限，延时跳开变压器各侧断路器。

【释义】

a. Q/GDW 175—2008《变压器、高压并联电抗器和母线保护及辅助装置标准化设计规范》第 5.1.1.2 c）条要求：零序电流保护，保护为两段式。Ⅰ段带方向，方向指向母线，延时跳开本侧断路器；Ⅱ段不带方向，延时跳开变压器各侧断路器。

b. Q/GDW 1175—2013《变压器、高压并联电抗器和母线保护及辅助装置标准化设计规范》改进原因：

a）配置两段方向保护，因高压侧线路的对侧两段零序保护，往往伸出中压侧，如果零序带方向仅一段，线路零序保护无法配合（不带方向的零序段作为变压器的总后备，需要往两侧配合，时间往往较长）。

b）增加时限，方向保护段可跳各侧，因考虑本侧开关拒动时，不需要等到总后备段动作（目前，母线故障，本侧开关拒动，联跳变压器各侧的功能有些母线差动保护不具备，而且对于 110kV、35kV 等地电压等级侧没有失灵保护）。

（4）过励磁保护，应能实现定时限告警和反时限跳闸或告警功能，反时限曲线应与变压器过励磁特性匹配。

（5）失灵联跳，设置一段一时限，变压器高压侧断路器失灵保护动作后跳变压器各侧断路器功能。变压器高压侧断路器失灵保护动作开入后，应经灵敏的、不需整定的电流元件并带 50 ms 延时后跳变压器各侧断路器。

（6）过负荷保护，设置一段一时限，固定为本侧额定电流的 1.1 倍，延时 10s，动作于信号。

1.1.4.4　中压侧后备保护配置

（1）带偏移特性的阻抗保护。

1）指向变压器的阻抗不伸出高压侧母线，作为变压器部分绕组故障的后备保护。

2）指向母线的阻抗作为本侧母线故障的后备保护。

3）阻抗保护按时限判别是否经振荡闭锁：大于 1.5s 时，则该时限不经振荡闭锁；否则经振荡闭锁。

4）设置一段四时限，第 1 时限跳开分段，第 2 时限跳开母联，第 3 时限跳开本侧断路器，第 4 时限跳开变压器各侧断路器。

【释义】

对于变压器后备保护跳母联（分段）的特殊考虑如下：

a. 是否跳分段和母联。

a）双侧电源的系统，如线路对侧距离Ⅱ段动作时间小于变压器后备保护跳母联（分段）时间，线路或母线故障时，线路对侧距离Ⅱ段将抢先动作，此时变压器后备保护跳母联（分段）达不到预期的目的。

b）按照 DL/T 559—2007《220～750kV 电网继电保护装置运行整定规程》的第 7.2.14.3 条、第 7.2.14.4 条、第 7.2.14.5 条和 GB/T 14285—2006《继电保护和安全自动装置技术规程》的第 4.3.6.1 条和第 4.3.7.1 条的相关要求，某些情况下需要跳母联（分段）达到"缩小故障影响范围"的目的。例如：单侧电源的情况，需要跳母联（分段）来缩小故障范围；双侧电源系统在双母线运行、母线保护运行时，由母线保护动作来缩小故障范围，而母线保护均退出运行时，可缩短变压器后备保护跳母联（分段）时间来缩小故障范围。

b. 后备保护跳母联和分段的时间。

a）正常运行时，由中压侧母线保护的快速动作来缩小故障范围，母线保护退出运行时，应以系统的稳定要求来决定跳母联和分段的时间。需要时，可同时跳母联和分段，条件允许时，尽可能缩小故障范围，保证选择性。

b）在某些运行方式下，先跳分段后跳母联，可以避免损失部分负荷。例如：正常运行时，双母双分段接线的分段断路器一般处于热备用状态，当全站只有一台主变运行时，分段断路器处于合位，先跳分段后跳母联可以防止四段母线分列运行，可避免其中一段非故障母线失电。为了满足各网省公司对母联和分段跳闸顺序的不同要求，变压器中压侧保护设置了四段时限，可根据现场实际情况进行整定，以适应不同的出口方式。

（2）复压过流保护，设置一段一时限，延时跳开变压器各侧断路器。

（3）零序过流保护，设置三段，方向元件和过流元件取自产零序电流。

1）Ⅰ段带方向，方向可投退，指向可整定，设置三时限。

2）Ⅱ段带方向，方向可投退，指向可整定，设置三时限。

3）Ⅲ段不带方向，设置一时限，延时跳开变压器各侧断路器。

【释义】

a. Q/GDW 175—2008《变压器、高压并联电抗器和母线保护及辅助装置标准化设计规范》第 5.1.1.3 c）条要求：零序电流保护，保护为两段式：Ⅰ段带方向，方向指向母线，设 3 个时限，第 1 时限跳开分段，第 2 时限跳开母联，第 3 时限跳开本侧断路器；Ⅱ段不带方向，延时跳开变压器各侧断路器。

b. 带方向的零序电流保护指向本侧母线，设三段时间元件，动作于缩小故障范围和本侧断路器，不带方向的零序电流保护动作于三侧断路器。除自耦变外，不带方向的零序电流保护取中性点零序电流。

c. 零序电流保护既可以保护接地故障，又可以反映其他原因形成的零序电流。例如：相邻线路非全相运行时，阻抗保护不反映非全相运行状态，由于相邻线路非全相运行的零序电流较小，可能只导致零序Ⅱ段保护动作，而零序Ⅱ段动作直接跳变压器三侧，无跳分段、母联时限，将造成两台变压器同时跳闸，扩大了事故范围，故零序Ⅱ段的动作时限要大于变压器、相邻线路断路器非全相的动作时间。Q/GDW 1175—2013《变压器、高压并联电抗器和母线保护及辅助装置标准化设计规范》中零序电流保护改为三段共 7 个时限，完全可以做到在远端发生故障开关拒动时，变压器零序电流保护先跳母联以缩小故障范围，再跳本侧或三侧。

（4）失灵联跳，设置一段一时限。变压器中压侧断路器失灵保护动作后跳变压器各侧断路器功能。变压器中压侧断路器失灵保护动作开入后，应经灵敏的、不需整定的电流元件并带 50ms 延时后跳变压器各侧断路器。

（5）过负荷保护，设置一段一时限，定值固定为本侧额定电流的 1.1 倍，延时 10s，动作于信号。

1.1.4.5　低压绕组后备保护配置

（1）过流保护，设置一段两时限，第 1 时限跳开本侧断路器，第 2 时限跳开变压器各侧断路器。

【释义】

a. Q/GDW 175—2008《变压器、高压并联电抗器和母线保护及辅助装置标准化设计规范》要求：过流保护，延时跳开本侧断路器。

b. 2008 年 8 月 20—22 日在北京召开的标准化规范实施技术原则审查会明确要求：500kV 变压器的低压侧过流保护改为两时限，第 1 时限跳本侧，第 2 时限跳各侧。主要原因是：低压侧过流保护一般为限时速断保护，作为母线故障的主保护，增加第 2 时限，可用于跳主变各侧断路器。另外，当主变低压侧不采用复压闭锁过流保护时，此过流保护可作为低压侧后备保护（两时限）。

（2）复压过流保护，设置一段两时限，第 1 时限跳开本侧断路器，第 2 时限跳开变压器各侧断路器。

【释义】

当采用过流保护灵敏度能满足要求时，主变低压侧可不配置此保护。

（3）过负荷保护，设置一段一时限，定值固定为本侧额定电流的 1.1 倍，延时 10s，动作于信号。

1.1.4.6　低压侧后备保护配置

（1）过流保护，设置一段两时限，第 1 时限跳开本侧断路器，第 2 时限跳开变压器各侧断路器。

【释义】

2008 年 8 月 20—22 日在北京召开的标准化规范实施技术原则审查会明确要求：500kV 变压器的低压侧过流保护改为两时限，第 1 时限跳本侧，第 2 时限跳各侧。主要原因是：低压侧过流保护一般为限时速断保护，作为母线故障的主保护，增加第 2 时限，可用于跳主变各侧断路器。另外，当主变低压侧不采用复压闭锁过流保护时，此过流保护可作为低压侧后备保护。

（2）复压过流保护，设置一段两时限：第 1 时限跳开本侧断路器，第 2 时限跳开变压器各侧断路器。

（3）零序过压告警，设置一段一时限，固定取自产零序电压，定值固定 70V，延时

10s，动作于信号。

（4）过负荷保护，设置一段一时限，定值固定为本侧额定电流的 1.1 倍，延时 10s，动作于信号。

1.1.4.7　公共绕组后备保护配置

（1）零序过流保护，设置一段一时限，采用自产零序电流和外接零序电流"或门"判断，跳闸或告警可选；保护定值按照公共绕组 TA 变比整定，保护装置根据公共绕组零序 TA 变比自动折算。

【释义】

500kV 主变的公共绕组零流保护为一段一时限，维持 Q/GDW 175—2008《变压器、高压并联电抗器和母线保护及辅助装置标准化设计规范》的做法。330kV 的增加第 2 时限，是为了适应西北地区用户的要求。

（2）过负荷保护，设置一段一时限，定值固定为本侧额定电流的 1.1 倍，延时 10s，动作于信号。

1.1.5　750kV 电压等级变压器保护功能配置

1.1.5.1　功能配置表

750kV 电压等级变压器保护功能配置见表 1-5。

表 1-5　　　　　　　　　750kV 电压等级变压器保护功能配置表

类别	序号	功能描述	段数及时限	说　明	备注
主保护	1	差动速断保护	—		
	2	纵联差动保护	—		
	3	分相差动保护	—		
	4	低压侧小区差动保护	—		
	5	分侧差动保护	—		
	6	故障分量差动保护	—		自定义
高压侧后备保护	7	相间阻抗保护	Ⅰ段二时限		
	8	接地阻抗保护	Ⅰ段二时限		
	9	复压过流保护	Ⅰ段一时限		
	10	零序方向过流保护	Ⅰ段一时限、Ⅱ段一时限	Ⅰ段固定带方向，方向指向母线。Ⅱ段不带方向，方向元件和过流元件均取自产零序电流	
	11	定时限过励磁告警	Ⅰ段一时限		
	12	反时限过励磁保护	—	可选择跳闸或告警	
	13	失灵联跳	Ⅰ段一时限		
	14	过负荷保护	Ⅰ段一时限	固定投入	

续表

类别	序号	功能描述	段数及时限	说　明	备注
中压侧 后备保护	15	相间阻抗保护	Ⅰ段四时限		
	16	接地阻抗保护	Ⅰ段四时限		
	17	复压过流保护	Ⅰ段一时限		
	18	零序方向过流保护	Ⅰ段四时限、 Ⅱ段四时限	Ⅰ段带方向，固定指向母线。 Ⅱ段不带方向，方向元件和过流元件均 取自产零序电流	
	19	失灵联跳	Ⅰ段一时限		
	20	过负荷保护	Ⅰ段一时限	固定投入	
低压侧绕组 后备保护	21	过流保护	Ⅰ段二时限		
	22	复压过流保护	Ⅰ段二时限	固定经本侧复压闭锁	
	23	过负荷保护	Ⅰ段一时限	固定投入	
低压1分支 后备保护	24	过流保护	Ⅰ段两时限		
	25	复压过流保护	Ⅰ段两时限	固定经本侧复压闭锁	
	26	零序过压告警	Ⅰ段一时限	固定采用自产零压	
	27	过负荷保护	Ⅰ段一时限	固定投入，取低压1分支、低压2分支 和电流	
低压2分支 后备保护	28	过流保护	Ⅰ段两时限		
	29	复压过流保护	Ⅰ段两时限	固定经本侧复压闭锁	
	30	零序过压告警	Ⅰ段一时限	固定采用自产零压	
公共绕组 后备保护	31	零序过流保护	Ⅰ段一时限	自产零流和外接零流"或"门判别	
	32	过负荷保护	Ⅰ段一时限	固定投入	
类别	序号	基础型号	代码	说　明	
	33	750kV变压器	T7		

【释义】

a. 按照750kV变压器的主接线型式，给予主保护和各侧后备保护的功能配置，由于750kV变压器的主接线型式相对比较固定，仅提供一个基础型号功能代码，无选配功能。

b. 考虑750kV变压器的中压侧存在3/2断路器接线或双母双分的接线型式，中压侧的阻抗保护和零序方向过流保护的动作时限按照最大化配置和减少故障停电范围整定原则，提供四时限分别整定，对于双母双分接线型式分别跳分段断路器、母联断路器、本侧断路器、各侧断路器。

1.1.5.2　主保护配置

（1）配置纵联差动保护或分相差动保护：若仅配置分相差动保护，在低压侧有外附TA时，需配置不需整定的低压侧小区差动保护。

（2）为提高切除自耦变压器内部单相接地短路故障的可靠性，可配置由高、中压侧和公共绕组 TA 构成的分侧差动保护。

（3）可配置不需整定的零序分量、负序分量或变化量等反映轻微故障的故障分量差动保护。

1.1.5.3 高压侧后备保护配置

（1）带偏移特性的阻抗保护。

1）指向变压器的阻抗不伸出中压侧母线，作为变压器部分绕组故障的后备保护。

2）指向母线的阻抗作为本侧母线故障的后备保护。

3）阻抗保护按时限判别是否经振荡闭锁：大于 1.5s 时，则该时限不经振荡闭锁；否则经振荡闭锁。

4）设置一段两时限，第 1 时限跳开本侧断路器，第 2 时限跳开变压器各侧断路器。

（2）复压过流保护，设置一段一时限，延时跳开变压器各侧断路器。

（3）零序过流保护，设置两段，方向元件和过流元件取自产零序电流。

1）Ⅰ段带方向，方向指向母线，设置一时限，延时跳开变压器各侧断路器。

2）Ⅱ段不带方向，设置一时限，延时跳开变压器各侧断路器。

【释义】

a. 零序电流Ⅰ段作为本侧母线和相邻线路的后备保护，零序电流Ⅱ段作为接地故障总后备保护。除自耦变外，宜取接地侧中性点 TA 电流，以防止变压器某一侧断路器断开零序电流保护失效，为了简化保护的整定配合，Ⅰ段固定带方向且指向母线，Ⅱ段固定不带方向。按 DL/T 559—2007《220～750kV 电网继电保护装置运行整定规程》的第 7.2.14.1 条和第 7.2.14.2 条的要求，Ⅰ段可与被保护母线配出线的零序保护Ⅰ段或Ⅱ段配合整定；Ⅱ段按与线路零序电流保护最末一段配合整定。

b. 当采用了接地阻抗保护时，宜简化零序电流保护，此时可只保留最末一段零序电流保护即可。

（4）过励磁保护，应能实现定时限告警和反时限跳闸或告警功能，反时限曲线应与变压器过励磁特性匹配。

（5）失灵联跳，设置一段一时限。变压器高压侧断路器失灵保护动作后跳变压器各侧断路器功能。变压器高压侧断路器失灵保护动作开入后，应经灵敏的、不需整定的电流元件并带 50ms 延时后跳变压器各侧断路器。

（6）过负荷保护，设置一段一时限，定值固定为本侧额定电流的 1.1 倍，延时 10s，动作于信号。

1.1.5.4 中压侧后备保护配置

（1）带偏移特性的阻抗保护。

1）指向变压器的阻抗不伸出高压侧母线，作为变压器部分绕组故障的后备保护。

2）指向母线的阻抗作为本侧母线故障的后备保护。

3）阻抗保护按时限判别是否经振荡闭锁：大于 1.5s 时，则该时限不经振荡闭锁；否则经振荡闭锁。

4）设置一段四时限，第 1 时限跳开分段，第 2 时限跳开母联，第 3 时限跳开本侧断

33

路器，第 4 时限跳开变压器各侧断路器。

【释义】

为满足 750kV 主变压器的中压侧为双母双分段的接线型式，按照最大化配置和减少故障停电范围的原则，中压侧的阻抗保护提供 4 个动作时限，分别用于跳双母双分接线的分段断路器、母联断路器、本侧断路器、各侧断路器。

（2）复压过流保护，设置一段一时限，延时跳开变压器各侧断路器。

（3）零序过流保护，设置两段，方向元件和过流元件取自产零序电流。

1）Ⅰ段带方向，方向指向母线，设置四时限，第 1 时限跳开分段，第 2 时限跳开母联，第 3 时限跳开本侧断路器，第 4 时限跳开变压器各侧断路器。

2）Ⅱ段不带方向，设置四时限，第 1 时限跳开分段，第 2 时限跳开母联，第 3 时限跳开本侧断路器，第 4 时限跳开变压器各侧断路器。

【释义】

为满足 750kV 主变压器的中压侧为双母双分段的接线型式，按照最大化配置和减少故障停电范围的原则，中压侧的零序方向过流保护提供 4 个动作时限，分别用于跳双母双分的分段、母联、本侧和各侧断路器。

（4）失灵联跳，设置一段一时限。变压器中压侧断路器失灵保护动作后跳变压器各侧断路器功能。变压器中压侧断路器失灵保护动作开入后，应经灵敏的、不需整定的电流元件并带 50 ms 延时后跳变压器各侧断路器。

（5）过负荷保护，设置一段一时限，定值固定本侧额定电流的 1.1 倍，延时 10s，动作于信号。

1.1.5.5　低压侧绕组后备保护配置

（1）过流保护，设置一段两时限，第 1 时限跳开本侧断路器，第 2 时限跳开变压器各侧断路器。

（2）复压过流保护，设置一段两时限，第 1 时限跳开本侧断路器，第 2 时限跳开变压器各侧断路器。

（3）过负荷保护，定值固定为本侧额定电流的 1.1 倍，延时 10s，动作于信号。

1.1.5.6　低压 1 分支后备保护配置

（1）过流保护，设置一段两时限，第 1 时限跳开本侧断路器，第 2 时限跳开变压器各侧断路器。

（2）复压过流保护，设置一段两时限，第 1 时限跳开本侧断路器，第 2 时限跳开变压器各侧断路器。

（3）零序过压告警，设置一段一时限，固定取自产零序电压，定值固定 70V，延时 10s，动作于信号。

（4）过负荷保护，设置一段一时限，采用低压 1 分支、2 分支和电流，定值固定为本侧额定电流的 1.1 倍，延时 10s，动作于信号。

1.1.5.7　低压 2 分支后备保护配置

（1）过流保护，设置一段两时限，第 1 时限跳开本侧断路器，第 2 时限跳开变压器各侧侧断路器。

（2）复压过流保护，设置一段两时限，第1时限跳开本侧断路器，第2时限跳开变压器各侧断路器。

（3）零序过压告警，设置一段一时限，固定取自产零序电压，定值固定70V，延时10s，动作于信号。

1.1.5.8 公共绕组后备保护配置

（1）零序方向过流保护，设置一段一时限，采用自产零序电流和外接零序电流"或门"判断，跳闸或告警可选；保护定值按照公共绕组TA变比整定，保护装置根据公共绕组零序TA变比自动折算。

【释义】

750kV主变的公共绕组零流保护为一段一时限，维持Q/GDW 175—2008《变压器、高压并联电抗器和母线保护及辅助装置标准化设计规范》的做法。330kV的增加第2时限，是为了适应西北地区用户的要求。

（2）过负荷保护，设置一段一时限，定值固定本侧额定电流的1.1倍，延时10s，动作于信号。

【释义】

公共绕组运行方式有差异时，可能变压器各侧均未过负荷时，而公共绕组已经过负荷，因此必须独立配置公共绕组过负荷告警功能，公共绕组额定电流为中压侧与高压侧额定电流之差，即 $I_{GE}=I_{ME}-I_{HE}$。过负荷保护电流值固定为 $1.1I_{GE}$，动作时间为10s。

1.2 技术原则

1.2.1 差动保护技术原则

（1）具有防止励磁涌流引起保护误动的功能。

【补充要求】

取消二次谐波闭锁控制字及定值。

【释义】

补充要求释义：赋予厂家更多的检测手段和判别方法，区分励磁涌流和故障状态。

（2）具有防止区外故障保护误动的制动特性。

（3）具有差动速断功能。

（4）330kV及以上电压等级变压器保护，应具有防止过励磁引起误动的功能。

【释义】

大型变压器铁芯额定工作磁通密度较高，短时过电压时将导致变压器的励磁电流激增。如过电压在120%～140%时，励磁电流可达额定电流的10%～50%，可能导致差动保护误动作。过励磁电流中含有显著的三次、五次谐波分量。五次谐波分量在过电压

35

120%以内有较高值，当电压继续升高时则迅速下降。可采用 5 次谐波分量闭锁措施，一般取 35%I_e 作为制动量。

（5）电流采用Y形接线接入保护装置，其相位和电流补偿应由保护装置软件实现。

（6）3/2 断路器接线或桥接线的两组 TA 应分别接入保护装置。

（7）具有 TA 断线告警功能，可通过控制字选择是否闭锁差动保护。

【补充要求】

a. 220kV 及以上保护 TA 二次回路断线的处理原则：主保护不考虑 TA、TV 断线同时出现，不考虑无流元件 TA 断线，不考虑三相电流对称情况下中性线断线，不考虑两相、三相断线，不考虑多个元件同时发生 TA 断线，不考虑 TA 断线和一次故障同时出现。

b. 仅 TA 至合并单元之间发生断线时报 TA 断线告警。

c. 变压器保护 TA 二次回路断线处理原则见表 1 - 6。

表 1 - 6　　　　　　　　变压器保护 TA 二次回路断线处理原则

保护元件		处理方式
零序电流保护		不处理
差流大于 1.2I_e	纵差	开放
	分相差	开放
	变化量差	开放
	零差	不统一
	分侧差	不统一，若开放：大于 1.2 倍中压侧额定电流时开放
	小区差	不统一，若开放：大于 1.2 倍 max｛低压侧额定电流，套管内额定电流｝时开放
负荷电流超过 1.1I_e		不统一，若过负荷时不判 TA 断线，则负荷电流门槛值为 1.1I_e
TA 断线逻辑		自动复归
3/2 接线方式下，高压侧两分支分流不均是否会影响 TA 断线的判别		3/2 接线方式下，高压侧两分支分流不均不应影响 TA 断线的判别

【释义】

a. 大型变压器 TA 变比大，TA 断线后过电压较高，对人身安全和设备绝缘危害较大。2008 年 8 月 20—22 日在北京召开的标准化规范实施技术原则审查会明确要求：控制字"TA 断线闭锁差动保护"置"1"时，表示"有条件闭锁"，即：1.2I_e≥差动电流≥差动启动定值时，差动保护不动作；差动电流≥1.2I_e 时，差动保护动作。控制字"TA 断线闭锁差动保护"置"0"时，表示"不闭锁"，即：只要差动电流≥差动启动定值，差动保护就动作。符合 GB/T 14285—2006《继电保护和安全自动装置技术规程》的第 4.1.11 条："保护装置在 TA 二次回路不正常或断线时，应发告警信号，除母线保护外，允许跳闸"的技术原则。

b. 补充要求释义：变压器保护装置 TA 断线后的处理方式按补充要求执行。

1.2.2 过励磁保护技术原则

（1）采用相电压"与门"关系。

（2）定时限告警功能。

（3）反时限特性应能整定，与变压器过励磁特性相匹配。

（4）可通过控制字选择是否跳闸。

1.2.2.1 阻抗保护技术原则

（1）具有 TV 断线闭锁功能，并发出 TV 断线告警信号，电压切换时不误动。

（2）阻抗保护应设置独立的电流启动元件。

【释义】

为了防止 TV 断线时导致保护误动作，阻抗保护应设独立的电流启动元件，电流启动元件应采用电流的故障分量，与线路保护不同之处在于，该启动元件不需整定，采用装置内部固定定值。

（3）阻抗保护按时限判别是否经振荡闭锁：大于 1.5s 时，则该时限不经振荡闭锁；否则经振荡闭锁。

1.2.2.2 复压过流（方向）保护技术原则

（1）在电压较低的情况下应保证方向元件的正确性，可通过控制字选择方向元件指向母线或指向变压器。方向元件取本侧电压，灵敏角固定不变，具备电压记忆功能。

【释义】

a. 为防止变压器出口三相短路故障时，本侧三相电压幅值为零，导致方向元件拒动，方向元件应具备电压记忆功能。

b. 灵敏角固定不变，是指"灵敏角不需用户整定"。因各厂家复压过流方向元件灵敏角定义不一致，现不统一规定灵敏角度数。

（2）高（中）压侧复压元件由各侧电压经"或门"构成；低压侧复压元件取本侧（或本分支）电压；低压侧按照分支分别配置电抗器时，电抗器复压元件取本分支电压，否则取两分支电压。

【释义】

a. 高（中）压侧为电源侧，低压侧为负荷侧，在发生低压侧故障时，低压侧复压元件灵敏度高于其他侧，此时，也需要高中压侧的复压过流作为后备保护，因此，高中压侧复压元件应取各侧电压并联方式（即"或门"逻辑）。

b. 为防止低压侧 TV 检修的同时发生短路故障，其他侧复压元件灵敏度不足，导致低压侧后备保护拒动作，低压侧复压元件只取本侧电压。TV 检修时，复压闭锁开放，复压过流变为过流保护。

c. 低压侧电抗器复压元件，应为低压侧两分支电压并联方式（即"或门"逻辑）。

（3）具有 TV 断线告警功能。高、中压侧 TV 断线或电压退出后，该侧复压过流（方向）保护，退出方向元件，受其他侧复压元件控制；当各侧电压均 TV 断线或电压退出后，高、中压侧复压过流（方向）保护变为纯过流；低压侧 TV 断线或电压退出后，本侧（或本分支）复压（方向）过流保护变为纯过流。

【释义】

a. 复压闭锁的主要作用是防止变压器在可以承受事故过负荷或电机负荷自启动等短时大电流情况下误动作，采用三侧电压"或门"方式的作用是提高复压闭锁的灵敏度，所以，当某一侧的 TV 断线时，要考虑复压闭锁的灵敏度。

b. 高、中压侧 TV 断线后，一般情况下，其他侧的复压闭锁元件有足够的灵敏度，复压闭锁方向过流保护，变为复压过流保护（退出本侧电压）。

c. 低压侧 TV 断线后，由于高、中压侧的复压闭锁可能灵敏度不足，所以，低压侧只取本侧电压。TV 断线后，复压元件自动满足，变为纯过流保护。一般情况下，低压侧出线故障时，变压器电流保护靠延时与低压侧出线保护配合。

1.2.2.3　零序过流（方向）保护技术原则

（1）高、中压侧零序方向过流保护的方向元件采用本侧自产零序电压和自产零序电流，过流元件宜采用本侧自产零序电流。

【释义】

a. 采用外附 TA 自产零序电流，作为零序方向元件，能正确地区分变压器内部和外部接地故障，故带方向的零序电流保护作为本侧母线、出线故障的后备保护，应采用自产零序电流。

b. 由 TV 开口三角电压的 $3U_0$ 与外附 TA 自产 $3I_0$ 构成的零序方向元件，曾发生过多次误动作和拒动作，其原因是 $3U_0$ 的极性很难判定。为确保零序方向元件的正确性，微机保护零序方向元件应采用自产零序电压。

c. 用中性点零序电流构成的零序电流保护，保护范围大，能反映绕组各部分的接地故障，不带方向零序方向过流保护作为总后备保护，应采用中性点零序 TA 电流。中性点附近发生接地故障时，差动电流小，变压器差动保护可能不动作，但短路环内零序电流大，零序电流保护能可靠动作，所以，至少有一段不带方向的零序方向过流保护应取中性点 TA。

（2）自耦变的高、中压侧零序方向过流保护的过流元件宜采用本侧自产零序电流，普通三绕组或双绕组变压器零序方向过流保护宜采用中性点零序电流。

（3）自耦变公共绕组零序电流保护宜采用自产零序电流，变压器不具备时，可采用外接中性点 TA 电流。

【释义】

零序方向过流保护，采用自产零序电流和外接零序电流"或门"逻辑判断，跳闸或告警可选。定值按照公共绕组 TA 变比整定，保护内部根据公共绕组零序 TA 变比自动折算。

（4）具有 TV 断线告警功能，TV 断线或电压退出后，本侧零序方向过流保护退出方向元件。

【释义】

TV 断线后，带方向的零序方向过流保护变为纯零序方向过流保护。

1.2.2.4 间隙保护原则

（1）常规变电站保护零序电压宜取 TV 开口三角电压，TV 开口三角电压不受本侧"电压压板"控制。

【释义】

a. 当零序电压保护取自产零序电压时，如保护用电压回路并联三角形负载或相间负载时，当 TV 两相断线后，保护装置感受到的三相电压均同相位，断线两相的电压幅值为断线相负载和相间负载的分压，自产零序电压 $3U_0 = (1+2K) \times 57.75V$（$K$ 为分压系数），如 $K \geqslant 0.4$，则 $3U_0 \geqslant 1.8 \times 57.75V$。而采用自产零序时，过电压保护的动作电压一般为 $1.8 \times 57.75V$，将导致零序过电压保护误动作。

b. 当零序过电压保护取 TV 开口三角电压时，TV 二次回路断线后，开口三角零序电压为零，不会造成零序电压保护误动作，因此，零序电压宜取 TV 开口三角电压。但正常运行时，TV 开口三角零序电压仅为不平衡电压，其值很小，不易监视，应采取有效措施，防止开口三角电压回路断线。

c. 部分地区由于复压过流保护、零序电流保护等保护固定不投方向，电压压板长时不投入，但是零序过电压保护还是需要使用。为了兼顾这些地区的要求，所以 TV 开口三角电压不受本侧"电压压板"控制，达到电压压板退出时具备零序过压保护的目的。2008年8月20—22日在北京召开的标准化规范实施技术原则审查会明确要求：TV 开口三角电压不受本侧"电压压板"控制。

（2）智能变电站保护零序电压宜取自产电压。

【释义】

由于智能变电站配置电子式互感器时无外接零序电压，因此智能变电站零序电压建议取自产。

（3）间隙电流取中性点间隙专用 TA。

【释义】

a. 强调了间隙电流不宜与零序方向过流保护共用中性点零序 TA，即对于分级绝缘的变压器，当中性点装设放电间隙时，应装设独立的间隙保护 TA。

b. 对于间隙电流和零序方向过流保护共用中性点零序 TA、变压器中性点直接接地运行，如间隙电流保护未退出运行，当发生变压器区外接地故障时，间隙电流保护可能误动作。具体分析如下：间隙电流保护按一次值 100A 整定，间隙过流保护动作时间一般较短，当变压器中性点直接接地运行、发生区外接地故障时，单相接地电流将远大于 100A，而间隙保护动作时间又较短，极易引起误动作。

1.2.2.5 非电量保护原则

（1）非电量保护动作应有动作报告。

【释义】

a. 强调了非电量保护装置应是微机型的，即非电量保护装置应有CPU，并能通过通信接口与后台监控系统通信，但CPU仅实现动作信息的记录。对于直接启动跳闸的非电量保护，应不依赖CPU实现跳闸功能。

b. 各类非电量保护，例如重瓦斯保护，经抗干扰重动继电器转接后直接跳闸，同时微机型非电量保护装置，应具备跳闸记录功能。

（2）重瓦斯保护作用于跳闸，其余非电量保护宜作用于信号。

【释义】

a. 明确了除重瓦斯和调压重瓦斯投跳闸外，其余非电量保护宜作用于信号。

b. 重瓦斯作为变压器内部故障的主保护和铁芯故障的唯一保护，能够反映电流差动保护不能反映的轻微故障，必须投跳闸。

c. 其余非电量保护，各运行单位对跳闸和发信的处理方式不同，非电量保护原则上不允许增加电气量的防误措施，尤其是重瓦斯保护，所以总的原则是侧重防止误动。在采取了多种安全措施以后，从保变压器安全的角度出发，结合电网的实际管理要求，冷却电源全停、变压器油温过高也可考虑跳闸。

（3）用于非电量跳闸的直跳继电器，启动功率应大于5W，动作电压在额定直流电源电压的55%～70%范围内，额定直流电源电压下动作时间为10～35ms，应具有抗220V工频干扰电压的能力。

【释义】

a. 由于非电量保护原则上不允许增加电气量的防误措施，为防止非电量保护误动，对非电量保护的动作功率、动作电压提出了明确要求，与直跳回路一样要求具备抗220V工频交流干扰的能力。

b. 启动功率为5W，额定功率要大得多，对装置动作功率要求较高。

c. 在对地绝缘满足标准的理想条件下，直流系统，正极、负极对地均为50%额定电压，直流正接地时，继电器两端瞬间感受到的最高电压是50%额定电压的暂态电压，并按时间常数很快衰减。动作电压下限设为55%，是为了躲过直流系统接地时继电器承受的暂态电压；动作电压上限设为70%，是保证直流母线电压下降至80%时继电器也能可靠跳闸。

d. 为了提高抗交流干扰的能力，《国家电网公司十八项电网重大反事故措施（试行）》不要求非电量保护快速动作，非电量保护的动作时规定为10～35ms，主要原因是50Hz交流系统半个周波的时间是10ms，而直流继电器一般仅单向动作（即交流正半周波动作，负半周波不动作），在1个周波内承受的正向有效启动电压小于10ms，继电器的启动时间大于10ms，可以防止交流分量的误启动。

（4）分相变压器A、B、C相非电量分相输入，作用于跳闸的非电量三相共用一个功能压板。

【释义】

分相变压器的非电量保护，除输入回路采用分相方式外，其余跳闸和信号等回路均采用三相合一方式。

（5）用于分相变压器的非电量保护装置的输入量每相不少于 14 路，用于三相变压器的非电量保护装置的输入量不少于 14 路。

【释义】

对非电量保护装置的输入路数提出了最低要求。

1.2.2.6　变压器保护各侧 TA 接入原则

（1）纵联差动保护应取各侧外附 TA 电流。

（2）500 kV 及以上电压等级变压器的分相差动保护低压侧应取三角内部套管（绕组）TA 电流。

（3）500 kV 及以上电压等级变压器的低压侧分支后备保护取外附 TA 电流，低压绕组后备取三角内部套管（绕组）TA 电流。

（4）220 kV 电压等级变压器低压侧后备保护取外附 TA 电流；当有限流电抗器时，宜增设低压侧电抗器后备保护，该保护取电抗器前 TA 电流。

1.2.2.7　其他相关要求

【补充要求】

失灵保护动作经变压器保护出口时，应在变压器保护装置中设置灵敏的、不需整定的电流元件并带 50ms 延时。

（1）本侧（分支）后备保护动作，跳本侧（分支）断路器的同时闭锁本侧（分支）备自投。

【释义】

a. 闭锁备自投的主要原因。

a）防止备用电源合于永久性故障。

b）供电负荷已经脱离电网，备用电源合上后无法立即恢复供电。

b. 哪些保护动作后闭锁备自投宜根据具体情况确定，可以通过跳闸矩阵做灵活整定，不是固定的本侧（分支）后备保护动作，跳本侧（分支）断路器的同时闭锁本侧（分支）备自投。备自投的闭锁条件不宜太严格，备投于故障时，可由备自投加速保护切除故障，而当负荷脱离电网后，备用电源合上后不会对电网造成冲击。

c. 后备保护动作闭锁备投时的主要方式。

a）本侧后备保护动作闭锁本侧备自投。

b）任何后备保护跳本侧均闭锁本侧备自投。

d. 低压侧后备保护动作跳各侧断路器时，采用"任何后备保护跳本侧均闭锁本侧备自投"在某些情况下可能误闭锁其他侧备自投。因此，采用"本侧后备保护动作闭锁本侧备自投"方式，但在确有需要时，也可以通过闭锁本侧备自投的开出触点去闭锁其他侧的备自投。

（2）"电压压板"投入表示本侧（或本分支）电压投入，"电压压板"退出表示本侧（或本分支）电压退出。

（3）220kV 变压器低压侧引线配置接地变时，采用"丫转△"方式的差动保护装置，应采用"软件消零"。

【释义】

220kV 主变保护选配了接地变保护功能时，软件消零是指差动保护计算差流时先滤除零序分量，是由软件自动计算的。

Q/GDW 1175—2013《变压器、高压并联电抗器和母线保护及辅助装置标准化设计规范》中新增了"接地变在低压引线上"的自定义控制字，可用于设置接地变安装在低压引线或低压侧母线上。对于采用"丫转△"计算差流的差动保护，如果接地变安装在低压引线上，主变差动低压侧需软件自动消零后再算差流；当接地变在低压母线上时，主变差动低压侧不需消零。

采用"△转丫"计算差流的主变差动保护，不受此控制字影响，无消零问题。

（4）220kV 变压器低压侧配置接地变时，接地变相间后备保护应采用软件消零。

（5）公共绕组零序过流取自产零序电流和外接零序电流"或门"判别。

（6）智能变电站变压器非电量保护宜集成在变压器本体智能终端中，并采用常规电缆跳闸方式。

1.3　装置模拟量、开关量接口

1.3.1　220kV 电压等级变压器电量保护装置

1.3.1.1　模拟量输入

1. 常规变电站交流回路

（1）高压 1 分支电流 I_{h1a}、I_{h1b}、I_{h1c}。

（2）高压 2 分支电流 I_{h2a}、I_{h2b}、I_{h2c}。

（3）高压侧零序电流 I_{h0}（可选）。

（4）高压侧间隙电流 I_{hj}（可选）。

（5）中压侧电流 I_{ma}、I_{mb}、I_{mc}。

（6）中压侧零序电流 I_{m0}（可选）。

（7）中压侧间隙电流 I_{mj}（可选）。

（8）低压 1 分支电流 I_{l1a}、I_{l1b}、I_{l1c}。

（9）低压 2 分支电流 I_{l2a}、I_{l2b}、I_{l2c}。

（10）低压 1 分支电抗器前 TA 电流 I_{k1a}、I_{k1b}、I_{k1c}（可选）。

（11）低压 2 分支电抗器前 TA 电流 I_{k2a}、I_{k2b}、I_{k2c}（可选）。

（12）公共绕组电流 I_{ga}、I_{gb}、I_{gc}（可选）。

（13）公共绕组零序电流 I_{g0}（可选）。

（14）接地变电流 I_{za}、I_{zb}、I_{zc}（可选）。

（15）接地变零序电流 I_{z0}（可选）。

（16）高压侧电压 U_{ha}、U_{hb}、U_{hc}、U_{h0}。

（17）中压侧电压 U_{ma}、U_{mb}、U_{mc}、U_{m0}。

（18）低压 1 分支电压 U_{l1a}、U_{l1b}、U_{l1c}。

（19）低压 2 分支电压 U_{l2a}、U_{l2b}、U_{l2c}。

注：低压侧仅配置一台电抗器时采用低压 1 分支电抗器前 TA 电流。

2. 智能变电站 SV 交流回路

（1）高压 1 分支电流 I_{h1a1}、I_{h1a2}、I_{h1b1}、I_{h1b2}、I_{h1c1}、I_{h1c2}。

（2）高压 2 分支电流 I_{h2a1}、I_{h2a2}、I_{h2b1}、I_{h2b2}、I_{h2c1}、I_{h2c2}。

（3）高压侧零序电流 I_{h01}、I_{h02}（可选）。

（4）高压侧间隙电流 I_{hj1}、I_{hj2}（可选）。

（5）中压侧电流 I_{ma1}、I_{ma2}、I_{mb1}、I_{mb2}、I_{mc1}、I_{mc2}。

（6）中压侧零序电流 I_{m01}、I_{m02}（可选）。

（7）中压侧间隙电流 I_{mj1}、I_{mj2}（可选）。

（8）低压 1 分支电流 I_{l1a1}、I_{l1a2}、I_{l1b1}、I_{l1b2}、I_{l1c1}、I_{l1c2}。

（9）低压 2 分支电流 I_{l2a1}、I_{l2a2}、I_{l2b1}、I_{l2b2}、I_{l2c1}、I_{l2c2}。

（10）低压 1 分支电抗器前 TA 电流 I_{k1a1}、I_{k1a2}、I_{k1b1}、I_{k1b2}、I_{k1c1}、I_{k1c2}（可选）。

（11）低压 2 分支电抗器前 TA 电流 I_{k2a1}、I_{k2a2}、I_{k2b1}、I_{k2b2}、I_{k2c1}、I_{k2c2}（可选）。

（12）公共绕组电流 I_{ga1}、I_{ga2}、I_{gb1}、I_{gb2}、I_{gc1}、I_{gc2}（可选）。

（13）公共绕组零序电流 I_{g01}、I_{g02}（可选）。

（14）接地变电流 I_{za1}、I_{za2}、I_{zb1}、I_{zb2}、I_{zc1}、I_{zc2}（可选）。

（15）接地变零序电流 I_{z01}、I_{z02}（可选）。

（16）高压侧电压 U_{ha1}、U_{ha2}、U_{hb1}、U_{hb2}、U_{hc1}、U_{hc2}、U_{h01}、U_{h02}（U_{h01}、U_{h02}可选）。

（17）中压侧电压 U_{ma1}、U_{ma2}、U_{mb1}、U_{mb2}、U_{mc1}、U_{mc2}、U_{m01}、U_{m02}（U_{m01}、U_{m02}可选）。

（18）低压 1 分支电压 U_{l1a1}、U_{l1a2}、U_{l1b1}、U_{l1b2}、U_{l1c1}、U_{l1c2}。

（19）低压 2 分支电压 U_{l2a1}、U_{l2a2}、U_{l2b1}、U_{l2b2}、U_{l2c1}、U_{l2c2}。

注：1）低压侧仅配置一台电抗器时采用低压 1 分支电抗器前 TA 电流。

2）智能变电站为双 A/D 采样输入。

1.3.1.2 开关量输入

1. 常规变电站开关量输入

（1）主保护（含差动速断、纵联差动、故障分量差动）投/退。

（2）高压侧后备保护投/退。

（3）高压侧电压投/退。

（4）中压侧后备保护投/退。

（5）中压侧电压投/退。

（6）低压 1 分支后备保护投/退。

（7）低压 1 分支电压投/退。

（8）低压 2 分支后备保护投/退。

（9）低压 2 分支电压投/退。

（10）低压 1 分支电抗器后备保护投/退（可选）。

（11）低压 2 分支电抗器后备保护投/退（可选）。

（12）公共绕组后备保护投/退（可选）。

（13）接地变后备保护投/退（可选）。

（14）高压侧失灵联跳开入。

（15）中压侧失灵联跳开入。

（16）远方操作投/退。

（17）保护检修状态投/退。

（18）信号复归。

（19）启动打印（可选）。

【释义】

主保护单独设投/退硬压板，每侧后备保护各设一个投/退硬压板。

2. 智能变电站 GOOSE 输入

（1）高压 1 分支失灵联跳开入。

（2）高压 2 分支失灵联跳开入。

（3）中压侧失灵联跳开入。

3. 智能变电站开关量输入

（1）远方操作投/退。

（2）保护检修状态投/退。

（3）信号复归。

（4）启动打印（可选）。

1.3.1.3　开关量输出

1. 常规变电站保护跳闸出口

（1）跳高压侧断路器（2 组）。

（2）启动高压侧失灵保护（2 组）。

（3）解除高压侧失灵保护电压闭锁（1 组）。

（4）跳高压侧母联（分段）（3 组）。

（5）跳中压侧断路器（1 组）。

（6）启动中压侧失灵保护（1 组）。

（7）解除中压侧失灵保护电压闭锁（1 组）。

（8）跳中压侧母联（分段）（3 组）。

（9）闭锁中压侧备自投（1 组）。

（10）跳低压 1 分支（1 组）。

（11）跳低压1分支分段（1组）。

（12）闭锁低压1分支备自投（1组）。

（13）跳低压2分支（1组）。

（14）跳低压2分支分段（1组）。

（15）闭锁低压2分支备自投（1组）。

（16）跳闸备用1（1组）。

（17）跳闸备用2（1组）。

（18）跳闸备用3（1组）。

（19）跳闸备用4（1组）。

注：当低压侧每个分支均有两个分段时，需增加"跳低压1分支分段2""闭锁低压1分支备自投2""跳低压2分支分段2""闭锁低压2分支备自投2"的触点。

2. 常规变电站信号触点输出

（1）保护动作（3组：1组保持，2组不保持）。

（2）过负荷（至少1组不保持）。

（3）运行异常（含TA断线、TV断线等，至少1组不保持）。

（4）装置故障告警（至少1组不保持）。

3. 智能变电站保护GOOSE出口

（1）跳高压1分支断路器（1组）。

（2）启动高压1分支断路器失灵保护（1组）。

（3）跳高压2分支断路器（1组）。

（4）启动高压2分支断路器失灵保护（1组）。

（5）跳高压侧母联1（1组）。

（6）跳高压侧母联2（1组）。

（7）跳高压侧分段1（1组）。

（8）跳高压侧分段2（1组）。

（9）跳中压侧断路器（1组）。

（10）启动中压侧断路器失灵保护（1组）。

（11）跳中压侧母联1（1组）。

（12）跳中压侧母联2（1组）。

（13）跳中压侧分段1（1组）。

（14）跳中压侧分段2（1组）。

（15）闭锁中压侧备自投（1组）。

（16）跳低压1分支（1组）。

（17）跳低压1分支分段（1组）。

（18）闭锁低压1分支备自投（1组）。

（19）跳低压2分支（1组）。

（20）跳低压2分支分段（1组）。

（21）闭锁低压2分支备自投（1组）。

（22）跳闸备用 1（1 组）。

（23）跳闸备用 2（1 组）。

（24）跳闸备用 3（1 组）。

（25）跳闸备用 4（1 组）。

4. 智能变电站 GOOSE 信号输出

（1）保护动作（1 组）。

（2）过负荷（1 组）。

5. 智能变电站信号触点输出

（1）运行异常（含 TA 断线、TV 断线等，至少 1 组不保持）。

（2）装置故障告警（至少 1 组不保持）。

1.3.2　220kV 电压等级变压器非电量保护装置

1.3.2.1　开关量输入

1. 非电量

（1）本体重瓦斯。

（2）本体压力释放。

（3）冷却器全停。

（4）本体轻瓦斯。

（5）本体油位异常。

（6）本体油面温度 1。

（7）本体油面温度 2。

（8）本体绕组温度 1。

（9）本体绕组温度 2。

（10）调压重瓦斯（可选）。

（11）调压压力释放（可选）。

（12）调压轻瓦斯（可选）。

（13）调压油位异常（可选）。

（14）调压油面温度 1（可选）。

（15）调压油面温度 2（可选）。

（16）调压绕组温度 1（可选）。

（17）调压绕组温度 2（可选）。

【释义】

列出了典型 220kV 电压等级变压器的非电量保护。

2. 其他开关量

（1）保护检修状态投/退。

（2）信号复归。

1.3.2.2 开关量输出

1. 保护跳闸出口

（1）跳高压侧断路器（4组）。

（2）跳中压侧断路器（2组）。

（3）跳低压侧断路器（4组）。

2. 备用出口

跳闸备用（2组）。

3. 信号触点输出

（1）非电量保护动作（3组：1组保持，2组不保持）。

（2）运行异常（至少1组不保持）。

（3）装置故障告警（至少1组不保持）。

第 2 章

PST － 1200U 保护装置调试

2.1 保护装置简介

本保护装置 PST－1200UT2－DA－G 变压器保护智能变电站版本，适用于 220kV 电压等级智能变电站的变压器保护，可实现全套变压器电气量保护，各保护功能由软件实现。装置功能配置有纵联差动保护（差动速断保护、稳态比率差动保护、故障量差动保护，谐波制动功能，TA 断线闭锁功能）、后备保护［复压闭锁（方向）过流保护、零序（方向）过流保护、失灵联跳各侧、低压侧过流保护］等功能。

2.1.1 保护装置配置

PST－1200 装置可实现全套变压器电气量保护，各保护功能由软件实现。装置包括多种原理的差动保护，并含有全套后备保护功能模块库，可根据需要灵活选配，功能调整方便，见表 2－1 所示。

表 2－1 保护装置功能配置

类别	序号	功能描述	段数及时限	说　明	备注
主保护	1	差动速断保护	—		
	2	纵联差动保护	—		
	3	变化量差动保护	—		自定义
高压侧后备保护	4	相间阻抗保护	Ⅰ段三时限		选配 D
	5	接地阻抗保护	Ⅰ段三时限		选配 D
	6	复压过流保护	Ⅰ段三时限、Ⅱ段三时限、Ⅲ段二时限	Ⅰ段、Ⅱ段复压可投退，方向可投退，方向指向可整定。Ⅲ段不带方向，复压可投退	
	7	零序方向过流保护	Ⅰ段三时限、Ⅱ段三时限、Ⅲ段二时限	Ⅰ段、Ⅱ段方向可投退，方向指向可整定。Ⅲ段不带方向。Ⅰ段、Ⅱ段、Ⅲ段过流元件可选择自产或外接	
	8	间隙过流保护	Ⅰ段一时限	零序电压可选自产或外接	

续表

类别	序号	功能描述	段数及时限	说　明	备注
高压侧后备保护	9	零序过压保护	Ⅰ段一时限	零序电压可选自产或外接	
	10	失灵联跳	Ⅰ段一时限		
	11	过负荷保护	Ⅰ段一时限	固定投入	
中压侧后备保护	12	相间阻抗保护	Ⅰ段三时限		选配 D
	13	接地阻抗保护	Ⅰ段三时限		选配 D
	14	复压过流保护	Ⅰ段三时限、Ⅱ段三时限、Ⅲ段二时限	Ⅰ段、Ⅱ段复压可投退，方向可投退，方向指向可整定。Ⅲ段不带方向，复压可投退	
	15	零序方向过流保护	Ⅰ段三时限、Ⅱ段三时限、Ⅲ段二时限	Ⅰ段、Ⅱ段方向可投退，方向指向可整定。Ⅲ段不带方向。Ⅰ段、Ⅱ段、Ⅲ段过流元件可选择自产或外接	
	16	间隙过流保护	Ⅰ段二时限	零序电压可选自产或外接	
	17	零序过压保护	Ⅰ段二时限	零序电压可选自产或外接	
	18	失灵联跳	Ⅰ段一时限		
	19	过负荷保护	Ⅰ段一时限	固定投入	
低压1分支后备保护	20	复压过流保护	Ⅰ段三时限、Ⅱ段三时限	Ⅰ段复压可投退，方向可投退，方向指向可整定。Ⅱ段不带方向，复压可投退	
	21	零序过流保护	Ⅰ段二时限	固定采用自产零序电流	选配 J
	22	零序过压告警	Ⅰ段一时限	固定采用自产零序电压	
	23	过负荷保护	Ⅰ段一时限	固定投入。取低压1分支和低压2分支和电流	
低压2分支后备保护	24	复压过流保护	Ⅰ段三时限、Ⅱ段三时限	Ⅰ段复压可投退，方向可投退，方向指向可整定。Ⅱ段不带方向，复压可投退	
	25	零序方向过流保护	Ⅰ段二时限	固定采用自产零序电流	选配 J
	26	零序过压告警	Ⅰ段一时限	固定采用自产零压	
接地变	27	速断过流保护	Ⅰ段一时限		选配 J
	28	过流保护	Ⅰ段一时限		
	29	零序方向过流保护	Ⅰ段三时限、Ⅱ段一时限	固定采用外接零序电流	
低压1分支电抗	30	复压过流保护	Ⅰ段二时限		选配 E

续表

类别	序号	功能描述	段数及时限	说　　明	备注
低压 2 分支电抗	31	复压过流保护	Ⅰ段二时限		选配 E
公共绕组	32	零序过流	Ⅰ段一时限	自产零流和外接零流"或"门判别	选配 G
	33	过负荷保护	Ⅰ段一时限	固定投入	

类别	序号	基础型号	代码	说　　明	备注
	34	220kV 变压器	T2		

类别	序号	基础型号	代码	说　　明	备注
	35	高、中压侧阻抗保护	D		
	36	低压侧小电阻接地零序方向过流保护，接地变后备保护	J		
	37	低压侧限流电抗器后备保护	E		
	38	自耦变（公共绕组后备保护）	G		
	39	220kV 双绕组变压器	A	选中则为两卷变	

　　PST－1200 装置具有高可靠性，在单层机箱内可采用双 CPU 板同时工作，实现双套电气量保护与门保护出口。即实现双 AD 采样、双 CPU 并行逻辑判断处理，出口回路实行双 CPU 出口互锁，仅双 CPU 同时动作，保护才出口跳闸。

　　保护装置采用多种差动原理判别变压器是否发生区内故障：

　　（1）故障量差动：不受负荷电流大小的影响，滤取故障特征量，进行差动判断，保护动作快速，动作灵敏性高。

　　（2）二次谐波制动：传统的二次谐波闭锁，能够防止空投时励磁涌流误动。

　　（3）波形分析制动：实现分相制动，能够准确识别区内故障和励磁涌流。

2.1.2　保护装置技术性能及指标

2.1.2.1　额定电气参数

保护装置额定电气参数见表 2－2。

表 2－2　　　　　　　　　　保护装置额定电气参数

序号	名　　称	额 定 电 气 参 数	
1	直流电源	220V 或 110V（订货请注明），允许工作范围：80%～115%倍额定直流电压	
2	交流电压	100V/3V（额定电压 U_n），开口三角形 100V	
3	交流电流	5A 或 1A（额定电流 I_n，订货请注明）	
4	额定频率	50Hz 或 60Hz（订货请注明）	
5	功率消耗	直流回路	≤60W

续表

序号	名　称	额 定 电 气 参 数	
6	触点容量	信号回路触点闭合容量	直流 220V，1000W（不断弧）
		信号回路触点关断容量	直流 220V，30W
7	状态量电平	通信接口模件的输入状态量电平	24V
		GPS 对时脉冲输入电平	24V
		开入输入状态量电平	220V

2.1.2.2 额定电气参数

额定电气参数见表 2-3 和表 2-4。

表 2-3　　　　　　　　　　保护装置主要技术性能及指标

序号	名　称	主 要 技 术 指 标
1	采样回路精确工作范围	相电压：0.2～200V
		$3U_0$ 电压：0.2～600V
		电流：$0.04I_n$～$40I_n$
2	模拟量测量精度	误差：不超过±5%
3	差动保护整组动作时间	差动速断：≤20ms（$1.5I_{op}$）
		纵联比例差动：≤30ms（$1.5I_{op}$）
4	后备保护动作时间	动作时间误差：≤40ms

表 2-4　　　　　　　保护装置光纤接口过程层通信用接口参数

序号	名　称	接 口 参 数
1	光纤种类	多模 1310nm
2	光纤接口	LC
3	发送功率	−20～−14dBm
4	接收灵敏功率	−31～−14dBm
5	传输距离	≤1.5km

2.1.3 保护装置硬件结构

保护装置为标准整层 4U 机箱，基本结构为整面板、背插式结构。整面板包括可触摸操作的彩色液晶显示器，信号指示灯。

保护装置面板布置如图 2-1 所示。

51

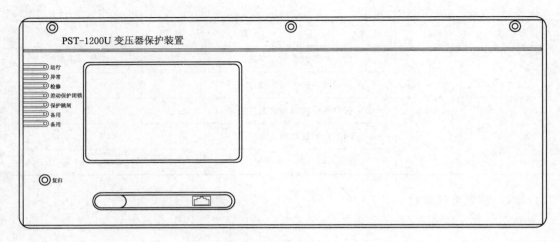

图 2-1　保护装置面板

保护装置背板布置如图 2-2 所示。

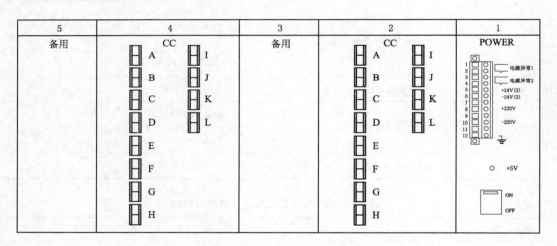

图 2-2　保护装置背板

保护装置部分接口说明见表 2-5。

表 2-5　　　　　　　　　　保护装置部分接口说明表

接口名称	接口类型	所属模件	备　　注
SV 接收光口	LC 光纤接口	CC 模件	可配置为组网或点对点，其中 A、B 口为内部级联口
GOOSE 收发光口	LC 光纤接口	CC 模件	可配置为组网或点对点，其中 A、B 口为内部级联口
站控层通信以太网	RJ45 或 LC 光纤以太网	MMI 模件	3 个 RJ45 电以太网或 1 个 RJ45＋2 个 LC 光纤以太网
光 B 码	ST 光纤接口	DIO 模件	用于光 B 码对时接入

注　此为按照最大化示例，具体工程的端子定义以实际设计图纸为准。

2.1.4 保护装置虚端子表

保护装置虚端子表见表 2-6~表 2-8。

表 2-6 GOOSE 开入虚端子表

序号	虚端子数据属性	虚端子定义	虚端子压板	备注
1	PIGO/GOINGGIO1. SPCSO1. stVal	高压 1 分支失灵联跳开入	高压 1 分支失灵联跳开入软压板	
2	PIGO/GOINGGIO1. SPCSO2. stVal	高压 2 分支失灵联跳开入	高压 2 分支失灵联跳开入软压板	
3	PIGO/GOINGGIO1. SPCSO3. stVal	中压侧失灵联跳开入	中压侧失灵联跳开入软压板	可选配

表 2-7 GOOSE 开出虚端子表

序号	虚端子数据属性	虚端子定义	虚端子压板	备注
1	PIGO/TVRC1. Tr. general	跳高压 1 分支断路器	跳高压 1 分支断路器软压板	
2	PIGO/TVRC1. StrBF. general	启动高压 1 分支断路器失灵	启动高压 1 分支失灵软压板	
3	PIGO/TVRC2. Tr. general	跳高压 2 分支断路器	跳高压 2 分支断路器软压板	
4	PIGO/TVRC2. StrBF. general	启动高压 2 分支断路器失灵	启动高压 2 分支失灵软压板	
5	PIGO/TVRC3. Tr. general	跳高压侧母联 1	跳高压侧母联 1 软压板	
6	PIGO/TVRC4. Tr. general	跳高压侧母联 2	跳高压侧母联 2 软压板	
7	PIGO/TVRC5. Tr. general	跳高压侧分段 1	跳高压侧分段 1 软压板	
8	PIGO/TVRC6. Tr. general	跳高压侧分段 2	跳高压侧分段 2 软压板	
9	PIGO/TVRC7. Tr. general	跳中压侧断路器	跳中压侧断路器软压板	可选配
10	PIGO/TVRC7. StrBF. general	启动中压侧失灵	启动中压侧失灵软压板	可选配
11	PIGO/TVRC8. Tr. general	跳中压侧母联 1	跳中压侧母联 1 软压板	可选配
12	PIGO/TVRC9. Tr. general	跳中压侧母联 2	跳中压侧母联 2 软压板	可选配
13	PIGO/TVRC10. Tr. general	跳中压侧分段 1	跳中压侧分段 1 软压板	可选配
14	PIGO/TVRC11. Tr. general	跳中压侧分段 2	跳中压侧分段 2 软压板	可选配
15	PIGO/TVRC12. Tr. general	闭锁中压侧备自投	闭锁中压侧备自投软压板	可选配
16	PIGO/TVRC13. Tr. general	跳低压 1 分支断路器	跳低压 1 分支断路器软压板	
17	PIGO/TVRC14. Tr. general	跳低压 1 分支分段	跳低压 1 分支分段软压板	
18	PIGO/TVRC15. Tr. general	闭锁低压 1 分支备自投	闭锁低压 1 分支备自投软压板	
19	PIGO/TVRC16. Tr. general	跳低压 2 分支断路器	跳低压 2 分支断路器软压板	
20	PIGO/TVRC17. Tr. general	跳低压 2 分支分段	跳低压 2 分支分段软压板	
21	PIGO/TVRC18. Tr. general	闭锁低压 2 分支备自投	闭锁低压 2 分支备自投软压板	
22	PIGO/TVRC19. Tr. general	跳闸备用 1	跳闸备用 1 软压板	
23	PIGO/TVRC20. Tr. general	跳闸备用 2	跳闸备用 2 软压板	
24	PIGO/TVRC21. Tr. general	跳闸备用 3	跳闸备用 3 软压板	
25	PIGO/TVRC22. Tr. general	跳闸备用 4	跳闸备用 4 软压板	
26	PIGO/GsigGGIO1. Ind1. stVal	保护动作	无	
27	PIGO/GsigGGIO1. Ind2. stVal	过负荷	无	

表 2 - 8　　　　　　　　　　　　　SV 虚 端 子 表

序号	虚端子数据属性	虚端子定义	虚端子压板	备注
1	PISV/SVINGGIO1. DelayTRtg1	高压侧电压合并单元额定延时	高压侧电压 SV 接收软压板	
2	PISV/SVINGGIO1. SvIn1	高压侧 A 相电压 U_{ha1}		
3	PISV/SVINGGIO1. SvIn2	高压侧 A 相电压 U_{ha2}		
4	PISV/SVINGGIO1. SvIn3	高压侧 B 相电压 U_{hb1}		
5	PISV/SVINGGIO1. SvIn4	高压侧 B 相电压 U_{hb2}		
6	PISV/SVINGGIO1. SvIn5	高压侧 C 相电压 U_{hc1}		
7	PISV/SVINGGIO1. SvIn6	高压侧 C 相电压 U_{hc2}		
8	PISV/SVINGGIO1. SvIn7	高压侧零序电压 U_{h01}		
9	PISV/SVINGGIO1. SvIn8	高压侧零序电压 U_{h02}		
10	PISV/SVINGGIO2. DelayTRtg1	高压 1 分支合并单元额定延时	高压 1 分支电流 SV 接收软压板	
11	PISV/SVINGGIO2. SvIn1	高压 1 分支 A 相电流 I_{h1a1}		
12	PISV/SVINGGIO2. SvIn2	高压 1 分支 A 相电流 I_{h1a2}		
13	PISV/SVINGGIO2. SvIn3	高压 1 分支 B 相电流 I_{h1b1}		
14	PISV/SVINGGIO2. SvIn4	高压 1 分支 B 相电流 I_{h1b2}		
15	PISV/SVINGGIO2. SvIn5	高压 1 分支 C 相电流 I_{h1c1}		
16	PISV/SVINGGIO2. SvIn6	高压 1 分支 C 相电流 I_{h1c2}		
17	PISV/SVINGGIO2. SvIn7	高压侧零序电流 I_{h01}		
18	PISV/SVINGGIO2. SvIn8	高压侧零序电流 I_{h02}		
19	PISV/SVINGGIO2. SvIn9	高压侧间隙电流 I_{hj1}		
20	PISV/SVINGGIO2. SvIn10	高压侧间隙电流 I_{hj2}		
21	PISV/SVINGGIO3. DelayTRtg1	高压 2 分支合并单元额定延时	高压 2 分支电流 SV 接收软压板	
22	PISV/SVINGGIO3. SvIn1	高压 2 分支 A 相电流 I_{h2a1}（正）		
23	PISV/SVINGGIO3. SvIn2	高压 2 分支 A 相电流 I_{h2a2}（正）		
24	PISV/SVINGGIO3. SvIn3	高压 2 分支 B 相电流 I_{h2b1}（正）		
25	PISV/SVINGGIO3. SvIn4	高压 2 分支 B 相电流 I_{h2b2}（正）		
26	PISV/SVINGGIO3. SvIn5	高压 2 分支 C 相电流 I_{h2c1}（正）		
27	PISV/SVINGGIO3. SvIn6	高压 2 分支 C 相电流 I_{h2c2}（正）		
28	PISV/SVINGGIO3. SvIn7	高压 2 分支 A 相电流 I_{h2a1}（反）		
29	PISV/SVINGGIO3. SvIn8	高压 2 分支 A 相电流 I_{h2a2}（反）		
30	PISV/SVINGGIO3. SvIn9	高压 2 分支 B 相电流 I_{h2b1}（反）		
31	PISV/SVINGGIO3. SvIn10	高压 2 分支 B 相电流 I_{h2b2}（反）		
32	PISV/SVINGGIO3. SvIn11	高压 2 分支 C 相电流 I_{h2c1}（反）		
33	PISV/SVINGGIO3. SvIn12	高压 2 分支 C 相电流 I_{h2c2}（反）		

续表

序号	虚端子数据属性	虚端子定义	虚端子压板	备注
34	PISV/SVINGGIO4. DelayTRtg1	中压侧合并单元额定延时	中压侧电压 SV 接收软压板	
35	PISV/SVINGGIO4. SvIn1	中压侧 A 相电压 U_{ma1}		
36	PISV/SVINGGIO4. SvIn2	中压侧 A 相电压 U_{ma2}		
37	PISV/SVINGGIO4. SvIn3	中压侧 B 相电压 U_{mb1}		
38	PISV/SVINGGIO4. SvIn4	中压侧 B 相电压 U_{mb2}		
39	PISV/SVINGGIO4. SvIn5	中压侧 C 相电压 U_{mc1}		
40	PISV/SVINGGIO4. SvIn6	中压侧 C 相电压 U_{mc2}		
41	PISV/SVINGGIO4. SvIn7	中压侧零序电压 U_{m01}		
42	PISV/SVINGGIO4. SvIn8	中压侧零序电压 U_{m02}		
43	PISV/SVINGGIO4. SvIn9	中压侧 A 相电流 I_{ma1}	中压侧电流 SV 接收软压板	
44	PISV/SVINGGIO4. SvIn10	中压侧 A 相电流 I_{ma2}		
45	PISV/SVINGGIO4. SvIn11	中压侧 B 相电流 I_{mb1}		
46	PISV/SVINGGIO4. SvIn12	中压侧 B 相电流 I_{mb2}		
47	PISV/SVINGGIO4. SvIn13	中压侧 C 相电流 I_{mc1}		
48	PISV/SVINGGIO4. SvIn14	中压侧 C 相电流 I_{mc2}		
49	PISV/SVINGGIO4. SvIn15	中压侧零序电流 I_{m01}		
50	PISV/SVINGGIO4. SvIn16	中压侧零序电流 I_{m02}		
51	PISV/SVINGGIO4. SvIn17	中压侧间隙电流 I_{mj1}		
52	PISV/SVINGGIO4. SvIn18	中压侧间隙电流 I_{mj2}		
53	PISV/SVINGGIO5. DelayTRtg1	低压 1 分支合并单元额定延时	低压 1 分支电压 SV 接收软压板	
54	PISV/SVINGGIO5. SvIn1	低压 1 分支 A 相电压 U_{l1a1}		
55	PISV/SVINGGIO5. SvIn2	低压 1 分支 A 相电压 U_{l1a2}		
56	PISV/SVINGGIO5. SvIn3	低压 1 分支 B 相电压 U_{l1b1}		
57	PISV/SVINGGIO5. SvIn4	低压 1 分支 B 相电压 U_{l1b2}		
58	PISV/SVINGGIO5. SvIn5	低压 1 分支 C 相电压 U_{l1c1}		
59	PISV/SVINGGIO5. SvIn6	低压 1 分支 C 相电压 U_{l1c2}		
60	PISV/SVINGGIO5. SvIn7	低压 1 分支 A 相电流 I_{l1a1}	低压 1 分支电流 SV 接收软压板	
61	PISV/SVINGGIO5. SvIn8	低压 1 分支 A 相电流 I_{l1a2}		
62	PISV/SVINGGIO5. SvIn9	低压 1 分支 B 相电流 I_{l1b1}		
63	PISV/SVINGGIO5. SvIn10	低压 1 分支 B 相电流 I_{l1b2}		
64	PISV/SVINGGIO5. SvIn11	低压 1 分支 C 相电流 I_{l1c1}		
65	PISV/SVINGGIO5. SvIn12	低压 1 分支 C 相电流 I_{l1c2}		
66	PISV/SVINGGIO5. SvIn13	低 1 电抗器 A 相电流 I_{k1a1}	低压 1 分支电抗器 电流 SV 接收软压板	
67	PISV/SVINGGIO5. SvIn14	低 1 电抗器 A 相电流 I_{k1a2}		
68	PISV/SVINGGIO5. SvIn15	低 1 电抗器 B 相电流 I_{k1b1}		

续表

序号	虚端子数据属性	虚端子定义	虚端子压板	备注
69	PISV/SVINGGIO5.SvIn16	低 1 电抗器 B 相电流 I_{k1b2}	低压 1 分支电抗器电流 SV 接收软压板	
70	PISV/SVINGGIO5.SvIn17	低 1 电抗器 C 相电流 I_{k1c1}		
71	PISV/SVINGGIO5.SvIn18	低 1 电抗器 C 相电流 I_{k1c2}		
72	PISV/SVINGGIO6.DelayTRtg1	低压 2 分支合并单元额定延时		
73	PISV/SVINGGIO6.SvIn1	低压 2 分支 A 相电压 U_{l2a1}	低压 2 分支电压 SV 接收软压板	
74	PISV/SVINGGIO6.SvIn2	低压 2 分支 A 相电压 U_{l2a2}		
75	PISV/SVINGGIO6.SvIn3	低压 2 分支 B 相电压 U_{l2b1}		
76	PISV/SVINGGIO6.SvIn4	低压 2 分支 B 相电压 U_{l2b2}		
77	PISV/SVINGGIO6.SvIn5	低压 2 分支 C 相电压 U_{l2c1}		
78	PISV/SVINGGIO6.SvIn6	低压 2 分支 C 相电压 U_{l2c2}		
79	PISV/SVINGGIO6.SvIn7	低压 2 分支 A 相电流 I_{l2a1}	低压 2 分支电流 SV 接收软压板	
80	PISV/SVINGGIO6.SvIn8	低压 2 分支 A 相电流 I_{l2a2}		
81	PISV/SVINGGIO6.SvIn9	低压 2 分支 B 相电流 I_{l2b1}		
82	PISV/SVINGGIO6.SvIn10	低压 2 分支 B 相电流 I_{l2b2}		
83	PISV/SVINGGIO6.SvIn11	低压 2 分支 C 相电流 I_{l2c1}		
84	PISV/SVINGGIO6.SvIn12	低压 2 分支 C 相电流 I_{l2c2}		
85	PISV/SVINGGIO6.SvIn13	低 2 电抗器 A 相电流 I_{k2a1}	低压 2 分支电抗器电流 SV 接收软压板	
86	PISV/SVINGGIO6.SvIn14	低 2 电抗器 A 相电流 I_{k2a2}		
87	PISV/SVINGGIO6.SvIn15	低 2 电抗器 B 相电流 I_{k2b1}		
88	PISV/SVINGGIO6.SvIn16	低 2 电抗器 B 相电流 I_{k2b2}		
89	PISV/SVINGGIO6.SvIn17	低 2 电抗器 C 相电流 I_{k2c1}		
90	PISV/SVINGGIO6.SvIn18	低 2 电抗器 C 相电流 I_{k2c2}		
91	PISV/SVINGGIO7.DelayTRtg1	公共绕组合并单元额定延时		
92	PISV/SVINGGIO7.SvIn1	公共绕组 A 相电流 I_{ga1}	公共绕组电流 SV 接收软压板	
93	PISV/SVINGGIO7.SvIn2	公共绕组 A 相电流 I_{ga2}		
94	PISV/SVINGGIO7.SvIn3	公共绕组 B 相电流 I_{gb1}		
95	PISV/SVINGGIO7.SvIn4	公共绕组 B 相电流 I_{gb2}		
96	PISV/SVINGGIO7.SvIn5	公共绕组 C 相电流 I_{gc1}		
97	PISV/SVINGGIO7.SvIn6	公共绕组 C 相电流 I_{gc2}		
98	PISV/SVINGGIO7.SvIn7	公共绕组零序电流 I_{g01}		
99	PISV/SVINGGIO7.SvIn8	公共绕组零序电流 I_{g02}		
100	PISV/SVINGGIO8.DelayTRtg1	接地变合并单元额定延时		
101	PISV/SVINGGIO8.SvIn1	接地变 A 相电流 I_{za1}	公共绕组电压 SV 接收软压板	
102	PISV/SVINGGIO8.SvIn2	接地变 A 相电流 I_{za2}		
103	PISV/SVINGGIO8.SvIn3	接地变 B 相电流 I_{zb1}		

序号	虚端子数据属性	虚端子定义	虚端子压板	备注
104	PISV/SVINGGIO8. SvIn4	接地变 B 相电流 I_{zb2}		
105	PISV/SVINGGIO8. SvIn5	接地变 C 相电流 I_{zc1}	公共绕组电压 SV 接收软压板	
106	PISV/SVINGGIO8. SvIn6	接地变 C 相电流 I_{zc2}		
107	PISV/SVINGGIO8. SvIn7	接地变零序电流 I_{z01}		
108	PISV/SVINGGIO8. SvIn8	接地变零序电流 I_{z02}		

2.2 试验调试方法

2.2.1 调试前应注意安全事项

（1）装置的安装调试应由专业人员进行。

（2）装置上电使用前请仔细阅读说明书。应遵照国家和电力行业相关规程，并参照说明书对装置进行操作、调整和测试。如有随机材料，相关部分以资料为准。

（3）装置上电前，应明确连线与正确示图一致。

（4）装置应该可靠接地。

（5）装置施加的额定操作电压应该与铭牌上标记的一致。

（6）严禁无防护措施触摸电子器件，严禁带电插拔模件。

（7）接触装置端子，要防止电触击。

（8）如要拆装装置，必须保证断开所有的外部端子连接，或者切除所有输入激励量。否则，触及装置内部的带电部分，将可能造成人身伤害。

（9）对装置进行测试时，应使用可靠的测试仪。

（10）装置的运行参数和保护定值同样重要，应准确设定才能保证装置功能的正常运行。

（11）改变当前保护定值组将不可避免地要改变装置的运行状况，在改变前应谨慎，并按规程作校验。

（12）装置操作密码为 99。

2.2.2 保护装置保护启动方式

装置在运行状态下主程序按固定运算周期进行计算，正常采样采集电流、电压和开关量。根据电流、电压和开关量是否满足启动条件来决定程序是进入故障计算，还是正常运行。在故障计算中进行差动及后备保护的判别。保护采用双 AD 冗余采样模式，仅当双 AD 采样数据均满足动作条件时，保护才动作出口。

保护程序采用检测扰动的方式决定是进入故障处理还是进行正常运行、自检等工作。只有当装置启动后，相应的保护元件才会开放。各启动元件的原理如下。

2.2.2.1 差流启动元件

差电流启动元件的判据为

$$|i_d| \geqslant I_{QD} \qquad\qquad (2-1)$$

式中　i_d——差动电流；

$\quad I_{QD}$——差流启动门槛。

当任一相差动电流大于启动门槛时，保护启动；适用保护为纵联差动保护。

2.2.2.2　差流突变量启动元件

差流突变量启动元件判据为

$$|i_d(k) - i_d(k-2n)| \geqslant I_{QD} \qquad\qquad (2-2)$$

式中　$i_d(k)$——当前差动瞬时值；

$\quad i_d(k-2n)$——当前采样点前推 2 周波对应的差动采样瞬时值；

$\quad\quad I_{QD}$——差流突变量启动门槛。

连续 3 点满足条件时，保护启动；适用保护为纵联差动保护。

2.2.2.3　相电流突变增量启动

利用系统扰动时，相电流会发生突变，使保护进入故障处理程序。启动量为所有电流量，启动条件为相应侧的突变量满足

$$|i(k) - i(k-2n)| \geqslant I_{QD} \qquad\qquad (2-3)$$

式中　$i(k)$——当前点瞬时值；

$\quad i(k-2n)$——当前采样点前推 2 周波对应的采样瞬时值；

$\quad\quad I_{QD}$——相电流突变量启动门槛。

连续 3 点满足条件时，保护启动；适用保护为阻抗保护、复压过流（方向）保护、过流保护、零序（方向）过流保护、公共绕组零序过流。

2.2.2.4　自产零序电流启动

针对变压器接地故障，也为防止转换性故障、多条线路相继故障及小匝间故障等情况下，相电流突变量启动可能失去重新启动能力。启动量为接地系统三相电流量。启动条件为零序电流大于相应侧的零序电流启动定值。适用保护为阻抗保护、复压过流（方向）保护、过流保护、零序（方向）过流保护、公共绕组零序过流。

2.2.3　各保护功能原理及调试方法

2.2.3.1　差动保护

1. 差动保护原理

电力变压器在运行时，由于联接组别和变比不同，各侧电流大小及相位也不同。需通过数字方法对 TA 联接和变比进行补偿，消除电流大小和相位差异。

纵联差动保护是指由变压器各侧外附 TA 构成的差动保护，该保护能反映变压器各侧的各种类型故障。各侧 TA 正极性端在母线侧。

纵联差动保护应注意空载合闸时励磁涌流对变压器差动保护引起的误动，以及过励磁工况下变压器差动保护动作的行为。以下以 Y0，Y，d11 变压器为例来说明纵联差动差流的计算。

变压器各侧二次额定电流如下：

高压侧额定电流为

$$I_{e.h} = \frac{S}{\sqrt{3}U_h n_{a.h}} \tag{2-4}$$

中压侧额定电流为

$$I_{e.m} = \frac{S}{\sqrt{3}U_m n_{a.m}} \tag{2-5}$$

低压侧额定电流为

$$I_{e.i} = \frac{S}{\sqrt{3}U_1 n_{a.1}} \tag{2-6}$$

式中　　　　　　S——变压器高中压侧容量；

U_h、U_m、U_1——变压器高、中、低压侧铭牌电压；

$n_{a.h}$、$n_{a.m}$、$n_{a.1}$——变压器高、中、低压侧 TA 变比（TA 为全Y接线）。

由于各侧电压等级和 TA 变比的不同，计算差流时需要对各侧电流进行折算，各侧电流均折算至高压侧。

变压器纵联差动各侧平衡系数，和各侧的电压等级及 TA 变比都有关，如下：

高压侧平衡系数为

$$K_h = \frac{I_{e.h}}{I_{e.h}} = 1 \tag{2-7}$$

中压侧平衡系数为

$$K_m = \frac{I_{e.h}}{I_{e.m}} \tag{2-8}$$

低压侧平衡系数为

$$K_1 = \frac{I_{e.h}}{I_{e.m}} \tag{2-9}$$

变压器各侧 TA 采用Y形接线，二次电流直接接入装置。TA 各侧的极性都以母线侧为极性端。由于Y侧和△侧的线电流的相位不同，计算纵联差动差流时，变压器各侧 TA 二次电流相位由软件调整，装置采用由Y→△变化计算纵联差动差流。

对于Y侧，有

$$\left.\begin{array}{l} \dot{I}_{dai} = \dfrac{(\dot{I}_{ai} - \dot{I}_{bi}) \times k_i}{\sqrt{3}} \\[3mm] \dot{I}_{dbi} = \dfrac{(\dot{I}_{bi} - \dot{I}_{ci}) \times k_i}{\sqrt{3}} \\[3mm] \dot{I}_{dci} = \dfrac{(\dot{I}_{ci} - \dot{I}_{ai}) \times k_i}{\sqrt{3}} \end{array}\right\} \tag{2-10}$$

对于 d11 侧，有

$$\left.\begin{array}{l} \dot{I}_{dai} = \dot{I}_{ai} \times k_i \\[2mm] \dot{I}_{dbi} = \dot{I}_{bi} \times k_i \\[2mm] \dot{I}_{dci} = \dot{I}_{ci} \times k_i \end{array}\right\} \tag{2-11}$$

式中　$\dot{I}_{ai}$、$\dot{I}_{bi}$、$\dot{I}_{ci}$——测量到的各侧电流的二次相量；

　　　　$\dot{I}_{dai}$、$\dot{I}_{dbi}$、$\dot{I}_{dci}$——经折算和转角后的各侧线电流相量；

　　　　k_i——变压器高、中、低侧的平衡系数（k_h，k_m，k_l）。

差动电流为

$$\left. \begin{array}{l} \dot{I}_{da} = \left| \sum_{i=1}^{n} \dot{I}_{dai} \right| \\ \dot{I}_{db} = \left| \sum_{i=1}^{n} \dot{I}_{dbi} \right| \\ \dot{I}_{dc} = \left| \sum_{i=1}^{n} \dot{I}_{dci} \right| \end{array} \right\} \qquad (2-12)$$

制动电流为

$$\left. \begin{array}{l} \dot{I}_{ra} = \dfrac{\sum_{i=1}^{n} |\dot{I}_{dai}|}{2} \\ \dot{I}_{ra} = \dfrac{\sum_{i=1}^{n} |\dot{I}_{dbi}|}{2} \\ \dot{I}_{ra} = \dfrac{\sum_{i=1}^{n} |\dot{I}_{dci}|}{2} \end{array} \right\} \qquad (2-13)$$

（1）差动速断保护。当任一相差动电流大于差动速断整定值时瞬时动作跳开变压器各侧开关。差动速断保护不经任何闭锁条件直接出口，动作逻辑框图如图 2-3 所示。

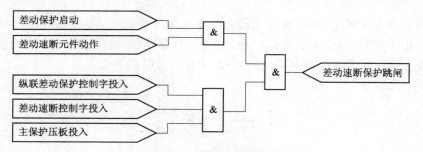

图 2-3　差动速断保护动作逻辑框图

（2）稳态量比率差动。稳态比例差动保护采用经傅里叶变换后得到的电流有效值进行差流计算，用来区分差流是由于内部故障还是外部故障引起。比例制动曲线为 3 折线段，如图 2-4 所示。

比例制动曲线采用了如下动作方程：

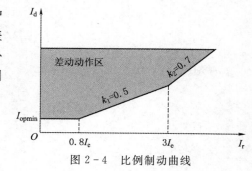

图 2-4　比例制动曲线

$$
\left.
\begin{aligned}
&I_{d} \geqslant I_{opmin}, I_{r} < I_{s1}\\
&I_{d} \geqslant I_{opmin} + (I_{r} - I_{s1})k_{1}, I_{s1} \leqslant I_{r} < I_{s2}\\
&I_{d} \geqslant I_{opmin} + (I_{s2} - I_{s1})k_{1} + (I_{r} - I_{s2})k_{2}, I_{r} > I_{s2}
\end{aligned}
\right\}
\tag{2-14}
$$

式中 I_{d}——差动电流；

   I_{r}——制动电流；

   I_{opmin}——最小动作电流；

   I_{s1}——制动电流拐点1，取倍基准侧额定电流（即高压侧额定电流），即 $0.8I_{e}$；

   I_{s2}——制动电流拐点2，取 $3I_{e}$；

   k_{1}——斜率1，取0.5；

   k_{2}——斜率2，取0.7。

稳态比率差动保护经过 TA 断线判别（可选择）、励磁涌流判别、TA 饱和判别闭锁后出口，闭锁条件为 TA 断线判别（可选择）、励磁涌流判别、TA 饱和判别闭锁，动作逻辑框图如图2-5所示。

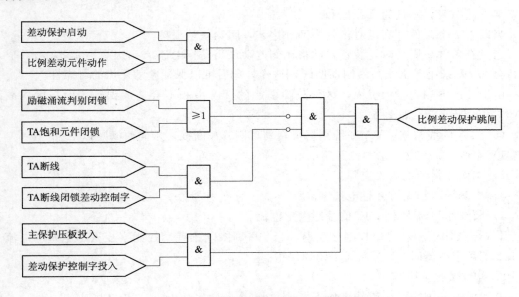

图2-5 稳态比率差动动作逻辑框图

（3）励磁涌流判别。变压器在空投或区外故障切除电压恢复过程中，变压器内部会产生励磁涌流，装置需配备涌流判据，此处配置的涌流判据包括二次谐波制动判据和波形分析制动判据。

二次谐波制动鉴别励磁涌流的判据为：变压器励磁涌流时波形含有丰富的二次谐波。计算三相差流中的最大二次谐波与最大基波的比值，即

$$
\frac{\max(I_{da}^{2}, I_{db}^{2}, I_{dc}^{2})}{\max(I_{da}, I_{db}, I_{dc})} > K_{2.set}
\tag{2-15}
$$

式中 I_{da}^{2}、I_{db}^{2}、I_{dc}^{2}——A、B、C 三相差流二次谐波含量；

   I_{da}、I_{db}、I_{dc}——A、B、C 三相差流；

$K_{2.\,set}$——二次谐波制动比定值。

波形分析制动判据为：故障时，差流基本上是工频正弦波，而励磁涌流时，有大量的谐波分量存在，波形发生畸变、间断、不对称。具体方法为将微分后的差流波形的前半周和后半周进行对称性比较。对于励磁涌流有 1/4 周波以上的点不满足对称性，这样可以区分故障和涌流。波形对称制动为分相制动。

（4）TA 饱和判据。为防止在变压器区外故障等状态下 TA 的暂态与稳态饱和所引起的稳态比率差动保护误动作，装置中有抗 TA 饱和判据。

条件 1 根据饱和时差流的特征来进行区内外 TA 饱和的判别。区外故障时，饱和 TA 在一次电流过零点附近会退出饱和，也存在一定时间能够正确传变一次电流。在 TA 能够正确传变期间，区外故障时保护检测到的差流是不连续的，可根据检测到的差流的不连续点数来识别区内外饱和，即当连续检测到的无差流点数大于某固定门槛点数时，认为区外故障引起的 TA 饱和。为提高抗 TA 饱和判据的可靠性，增加条件 2——谐波判据，利用二次电流中的二次和三次谐波的含量来判别 TA 是否饱和，若二次谐波或三次谐波的含量大于某一门槛时，则认为 TA 饱和。

当以上 2 个条件都满足时，判为区外饱和，闭锁差动保护。

当只有条件 2 满足时，装置自动将比例差动最小动作电流 I_{opmn} 提高至 $1.2I_e$，斜率 k_1 提高至 0.7，采用单折线高值制动曲线，这样处理后可以保证差动保护的可靠性。

由于 TA 饱和判据的引入，区外故障引起的 TA 饱和不会造成误动，而在区内故障 TA 饱和时能可靠正确动作。

（5）TA 断线判据。TA 断线判据可判别单侧 TA 断线，须同时满足以下条件：

1）本侧 $3I_0 > 0.15$ 倍本侧额定电流。

2）本侧异常相电压无突降。

3）本侧异常相无流并且电流突降。

4）断线相差流大于 0.12 倍基准额定电流。

TA 断线闭锁差动可由控制字投退。当 TA 断线闭锁差动控制字投入、但差动电流大于 1.2 倍额定电流时，TA 断线不闭锁保护。

2. 差动保护校验

差动保护各侧额定电流计算如下：

$$S_e = 100\text{MVA}$$

$$U_h = 230\text{kV}, U_m = 115\text{kV}, U_l = 37\text{kV}$$

$$n_{a.\,h} = 1600/1, n_{a.\,m} = 1000/1, n_{a.\,l} = 4000/1$$

$$I_{e.\,h} = \frac{S_e}{\sqrt{3}U_h n_{a.\,h}} = \frac{100 \times 10^3}{\sqrt{3} \times 230 \times 1600} \approx 0.157(\text{A})$$

$$I_{e.\,m} = \frac{S_e}{\sqrt{3}U_m n_{a.\,m}} = \frac{100 \times 10^3}{\sqrt{3} \times 115 \times 1000} \approx 0.502(\text{A})$$

$$I_{e.\,l} = \frac{S_e}{\sqrt{3}U_l n_{a.\,l}} = \frac{100 \times 10^3}{\sqrt{3} \times 37 \times 4000} \approx 0.390(\text{A})$$

（1）纵联差动保护定值校验流程见表 2－9。

表 2 - 9 　　　　　　　　　　　　　　　**纵联差动保护定值校验流程**

试验项目	纵联差动保护定值校验			
整定定值	差动保护起动电流定值：$0.5I_e$			
试验条件	(1) 软压板设置：投入主保护软压板，退出其他功能压板。 (2) 控制字设置："纵联差动保护"置"1"、退出其他差动保护控制字			
计算方法	计算公式： Y侧（单相）：$I_\phi = 0.5 \times \sqrt{3}\, m I_e$ Y侧（三相）：$I_\phi = 0.5 m I_e$ △侧（单相或三相）：$I_\phi = 0.5 m I_e$ 式中：m 为系数，I_e 为各侧额定电流。 例：高压侧（单相校验法） $m=0.95$ 时，$I_\phi = m \times 0.5 \times I_e \times \sqrt{3} = 0.95 \times 0.5 \times 0.157 \times \sqrt{3} = 0.13$（A） $m=1.05$ 时，$I_\phi = m \times 0.5 \times I_e \times \sqrt{3} = 1.05 \times 0.5 \times 0.157 \times \sqrt{3} = 0.14$（A）			
试验方法	(1) 电压可不考虑。 (2) 可采用状态序列或手动试验			
试验仪器设置	$m=1.05$（区内故障）		$m=0.95$（区外故障）	
	(1) 状态参数设置为 $\dot{I}_A$：$0.14\angle 0.00°$A $\dot{I}_B$：$0.00\angle 0.00°$A $\dot{I}_C$：$0.00\angle 0.00°$A (2) 触发条件设置：时间控制为 0.05s	(1) 状态参数设置为 $\dot{I}_A$：$0.082\angle 0.00°$A $\dot{I}_B$：$0.082\angle -120°$A $\dot{I}_C$：$0.082\angle 120°$A (2) 触发条件设置：时间控制为 0.05s	(1) 状态参数设置为 $\dot{I}_A$：$0.13\angle 0.00°$A $\dot{I}_B$：$0.00\angle 0.00°$A $\dot{I}_C$：$0.00\angle 0.00°$A (2) 触发条件设置：时间控制为 0.05s	(1) 状态参数设置为 $\dot{I}_A$：$0.075\angle 0.00°$A $\dot{I}_B$：$0.075\angle -120°$A $\dot{I}_C$：$0.075\angle 120°$A (2) 触发条件设置：时间控制为 0.05s
装置报文	(1) 0ms 保护启动。 (2) 28ms 差动保护动作		0ms 保护启动	
装置指示灯	保护动作灯亮		无	
试验项目	比率制动特性校验			
计算方法	高压侧对低压侧 AC 相制动特性校验：以第一段折线为例，$k_1 = 0.5$，范围为 $0.8I_e \leqslant I_r \leqslant 3I_e$。 (1) 假设 $I_r = 1.5I_e$。 $I_d = I_{opmin} + 0.5\,(I_r - 0.8I_e) = 0.5I_e + 0.5 \times (1.5I_e - 0.8I_e) = 0.85I_e$ $I_1 + I_2 = 2I_r = 3I_e$，$I_1 - I_2 = I_d = 0.85I_e$ $I_1 = (3I_e + 0.85I_e)/2 = 1.925I_e$ $I_2 = I_1 - I_d = 1.925I_e - 0.85I_e = 1.075I_e$ $I_h = \sqrt{3}\,I_1 = \sqrt{3} \times 1.925 \times 0.157 = 0.523$（A） $I_L = I_2 = 1.075 \times 0.39 = 0.419$（A） (2) 假设 $I_r = 2I_e$。 $I_d = I_{opmin} + 0.5\,(I_r - 0.8I_e) = 0.5I_e + 0.5 \times (2I_e - 0.8I_e) = 1.1I_e$ $I_1 + I_2 = 2I_r = 4I_e$，$I_1 - I_2 = I_d = 1.1I_e$ $I_1 = (4I_e + 1.1I_e)/2 = 2.55I_e$ $I_2 = I_1 - I_d = 2.55I_e - 1.1I_e = 1.45I_e$ $I_h = \sqrt{3}\,I_1 = \sqrt{3} \times 2.55 \times 0.157 = 0.693$（A） $I_L = I_2 = 1.45 \times 0.39 = 0.566$（A）			

续表

试验项目	纵联差动保护定值校验	
试验方法	(1) 采用手动试验。 (2) 在仪器的变量及变化步长选择中选择好变量（幅值）、变化步长。 (3) 仪器先加入保护不动的数值，调节步长"▲"或"▼"，直到保护动作	
试验接线	仪器映射 I_{a1} 为高压侧 A 相电流，I_{a2}、I_{c2} 为低压侧 ac 相电流	
试验仪器 设置	$I_r = 1.5I_e$ $\dot{I}_{a1}$：$0.523\angle 0.00°$A $\dot{I}_{a2}$：$0.419\angle 180°$A $\dot{I}_{c2}$：$0.419\angle 0.00°$A 变量为 $\dot{I}_{a1}$（或 $\dot{I}_{a2}$、$\dot{I}_{c2}$）幅值，适当降低 $\dot{I}_{a1}$ 值，再升高（或适当升高 $\dot{I}_{a2}$、$\dot{I}_{c2}$ 再降低）	$I_r = 2I_e$ $\dot{I}_{a1}$：$0.693\angle 0.00°$A $\dot{I}_{a2}$：$0.566\angle 180°$A $\dot{I}_{c2}$：$0.566\angle 0.00°$A 变量为 $\dot{I}_{a1}$ 幅值，适当降低 $\dot{I}_{a1}$ 值，再升高
装置报文	差动保护动作	
装置指示灯	保护动作灯亮	

（2）二次谐波制动特性校验流程见表 2 - 10。

表 2 - 10　　　　　　　二次谐波制动特性校验流程

试验项目	二次谐波制动特性校验	
整定定值	二次谐波制动系数：0.15	
试验条件	(1) 软压板设置：投入主保护软压板、退出其他功能压板。 (2) 控制字设置："纵联差动保护"置"1"、"二次谐波制动"置"1"、退出其他差动保护控制字	
计算方法	计算公式：$I_2 = KI_1$ 式中：I_2 为二次谐波幅值；I_1 为基波幅值；K 为二次谐波制动系数。 计算数据：当 $I_1 = 2$A 时，$I_2 = 0.15 \times 2 = 0.3$（A）	
试验方法	(1) 手动试验界面。 (2) 在仪器的变量及变化步长选择中选择好变量（幅值）、变化步长。 (3) 仪器先加入保护不动的数值，调节步长"▲"或"▼"，直到保护动作。 (4) 电压可不考虑	
试验接线	在凯默模拟保护装置的设置中增加 I_{a1} 的谐波设置，频率选择 100Hz，百分比设置为 0.15 加至保护装置	
试验仪器 设置	$\dot{I}_{a1}$：$2\angle 0.00°$A（50Hz） 百分比：0.15	状态 1 百分比设置为 0.15，状态 2 再降低
装置报文	差动保护动作	
装置指示灯	保护动作灯亮	

（3）差动速断保护定值校验流程见表 2 - 11。

表 2 - 11   **差动速断保护定值校验流程**

试验项目	差动速断保护定值校验			
整定定值	差动速断保护电流定值：$8I_e$			
试验条件	(1) 软压板设置：投入主保护软压板、退出其他功能压板。 (2) 控制字设置："差动速断"置"1"，退出其他差动保护控制字			
计算方法	计算公式： 丫侧（单相）：$I_\phi = m \times 8 \times I_e \times \sqrt{3}$ 丫侧（三相）：$I_\phi = m \times 8 \times I_e$ △侧：$I_\phi = m \times 8 \times I_e$ 式中：m 为系数；I_e 为各侧额定电流。 例：高压侧（单相校验法） $m = 1.05$ 时，$I_\phi = m \times 8 \times I_e \times \sqrt{3} = 1.05 \times 8 \times 0.157 \times \sqrt{3} = 2.28$ （A） $m = 0.95$ 时，$I_\phi = m \times 8 \times I_e \times \sqrt{3} = 0.95 \times 8 \times 0.157 \times \sqrt{3} = 2.06$ （A） 例：高压侧（三相校验法） $m = 1.05$ 时，$I_\phi = m \times 8 \times I_e = 1.05 \times 8 \times 0.157 = 1.32$ （A） $m = 0.95$ 时，$I_\phi = m \times 7 \times I_e = 0.95 \times 8 \times 0.157 = 1.19$ （A）			
试验方法	(1) 电压可不考虑。 (2) 可采用状态序列或手动试验			
试验仪器 设置	$m = 1.05$（区内故障）		$m = 0.95$（区外故障）	
	(1) 状态参数设置为 $\dot{I}_A$：2.28∠0.00°A $\dot{I}_B$：0.00∠0.00°A $\dot{I}_C$：0.00∠0.00°A (2) 触发条件设置：时间控制为0.05s	(1) 状态参数设置为 $\dot{I}_A$：1.32∠0.00°A $\dot{I}_B$：1.32∠−120°A $\dot{I}_C$：1.32∠120°A (2) 触发条件设置：时间控制为0.05s	(1) 状态参数设置为 $\dot{I}_A$：2.06∠0.00°A $\dot{I}_B$：0.00∠0.00°A $\dot{I}_C$：0.00∠0.00°A (2) 触发条件设置：时间控制为0.05s	(1) 状态参数设置为 $\dot{I}_A$：1.19∠0.00°A $\dot{I}_B$：1.19∠−120°A $\dot{I}_C$：1.19∠120°A (2) 触发条件设置：时间控制为0.05s
装置报文	(1) 0ms 保护启动。 (2) 15ms 差动速断保护动作		0ms 保护启动	
装置指示灯	保护动作灯亮		无	

2.2.3.2 复压闭锁过流（方向）保护

1. 复压闭锁过流（方向）保护原理

复压闭锁过流保护作为外部相间短路和变压器内部相间短路的后备保护，采用复压闭锁防止误动，延时跳开变压器各侧断路器。

（1）过流元件。过流元件电流取自本侧 TA，其动作判据为

$$I_a > I_{L.set}$$

或

$$I_b > I_{L.set}$$

或

$$I_c > I_{L.set}$$

65

式中　I_a、I_b、I_c——三相电流；

　　　$I_{\text{L.set}}$——过流定值。

（2）复压元件。复压指相间低电压或负序电压，复合电压元件动作判据为

$$U_{ab}<U_{\text{LL.set}}$$

或

$$U_{bc}<U_{\text{LL.set}}$$

或

$$U_{ca}<U_{\text{LL.set}}$$

或

$$U_2<U_{\text{2.set}}$$

式中　U_{ab}、U_{bc}、U_{ca}——线电压；

　　　$U_{\text{LL.set}}$——低电压定值；

　　　U_2——负序电压；

　　　$U_{\text{2.set}}$——负序电压定值。

一侧复压动作逻辑框图如图 2－6 所示。

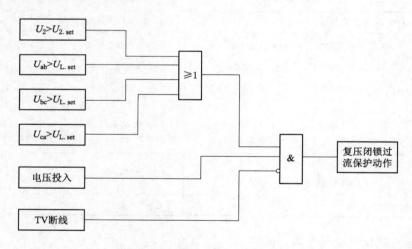

图 2－6　一侧复压动作逻辑框图

变压器各侧的复压过流保护均经复压闭锁。

高中压侧的复压元件默认为各侧复压的"或"逻辑作为开放条件，低压侧复压元件只取本侧复压。

TV 断线对复压元件影响：当高中压侧判断出本侧 TV 异常时，本侧复压元件不会满足条件，本侧复压过流保护经其他侧复压开放。低压侧 TV 断线时，退出低压侧复压过流的复压元件，低压侧复压过流默认为纯过流。

复压元件可以通过控制字投退。

各侧复压动作逻辑框图如图 2－7 所示。

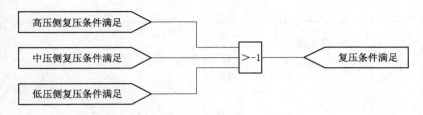

图 2-7 各侧复压动作逻辑框图

（3）方向元件。方向元件采用正序极化电压，带有记忆性，近处三相短路时方向元件无死区。电流、电压回路采用 90°接线。

方向元件可以通过控制字投退。

图 2-8 是以电压为参考相位，固定在 0°角，改变电流的角度：当方向指向变压器时，最大灵敏角－30°，其动作判据为 I_a 和 U_{bc}、I_b 和 U_{ca}、I_c 和 U_{ab} 三个夹角（电流落后电压时为正），其中任一夹角满足－120°<φ<60°，且与之对应的相电流大于过流定值；当方向指向母线（系统）时，灵敏角 150°。

注：TV 断线时，方向元件退出。

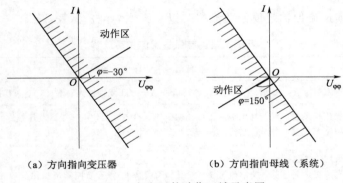

（a）方向指向变压器　　　　　（b）方向指向母线（系统）

图 2-8 方向元件动作区域示意图

2. 复压闭锁过流（方向）保护校验

（1）复压闭锁过流（方向）保护定值校验流程（以高压侧为例）见表 2-12。

表 2-12　　　　　　　复压闭锁过流（方向）保护定值校验流程

试验项目	复压闭锁过流保护定值校验
整定定值	低电压闭锁定值：70V；负序电压闭锁定值：6V；复压闭锁过流定值：3A；复压闭锁过流时间：2s
试验条件	（1）软压板设置：投入高压侧后备保护软压板、投入高压侧电压投入软压板。 （2）控制字设置："复压闭锁过流"置"1"
试验方法	（1）采用手动试验。 （2）先加正常电压量，使电流为零（让 TV 断线恢复），设置凯默模拟保护装置输出方式为按确认后输出（此时改变量不会影响输出值）。 （3）改变电流量大于 I_{zd} 定值。 （4）在仪器中设置变量及变化步长，选择好变量 I_A（幅值）、变化步长。 （5）放开"菜单栏"中的"输出保持"按钮，调节步长"▲"或"▼"，直到保护动作

续表

试验项目	复压闭锁过流保护定值校验	
计算值	$m=1.05$ 时，$I_\varphi=mI_{zd}=1.05\times3=3.15$（A） $m=0.95$ 时，$I_\varphi=mI_{zd}=0.95\times3=2.85$（A）	
试验仪器设置	采用手动试验	
	$\dot{U}_A$: $57\angle0.00°$V　$\dot{I}_A$: $0.00\angle0.00°$A $\dot{U}_B$: $57\angle-120°$V　$\dot{I}_B$: $0.00\angle0.00°$A $\dot{U}_C$: $57\angle120°$V　$\dot{I}_C$: $0.00\angle0.00°$A	$\dot{U}_A$: $30\angle0.00°$V　$\dot{I}_A$: $2.85\angle0.00°$A $\dot{U}_B$: $30\angle-120°$V　$\dot{I}_B$: $0.00\angle0.00°$A $\dot{U}_C$: $30\angle0.00°$V　$\dot{I}_C$: $0.00\angle0.00°$A "变量及变化步长选择"时变量为 I_A 幅值，变化步长为 0.1。 调节步长"▼"，直到保护动作
装置报文	(1) 0ms 保护启动。 (2) 02035ms 高压侧复压闭锁过流（方向）保护动作	
装置指示灯	保护动作灯亮	

（2）复压闭锁过流保护定值校验流程（以高压侧为例）见表 2－13。

表 2－13　　　　　复压闭锁过流保护定值校验流程

试验项目	低电压、负序电压校验	
整定定值	低电压闭锁定值：70V；负序电压闭锁定值：6V；复压闭锁过流定值：3A；复压闭锁过流时间：2s	
试验条件	(1) 软压板设置：投入高压侧后备保护软压板、投入高压侧电压投入软压板。 (2) 控制字设置："复压闭锁过流"置"1"	
试验方法	(1) 采用手动试验。 (2) 先加正常电压量，使电流为零（让 TV 断线恢复），设置凯默模拟保护装置输出方式为按确认后输出，(此时改变量不会影响输出值)。 (3) 改变电流量大于 I_{zd} 定值。 (4) 在仪器中设置变量及变化步长，选择好变量 U_{ABC} 或 U_A（幅值）、变化步长。 (5) 放开"菜单栏"中的"输出保持"按钮，调节步长"▲"或"▼"，直到保护动作	
计算值	低电压：$U_\varphi=U_{\varphi\varphi set}/\sqrt3=70/1.732=40.42$（V） 负序电压：降单相电压方法时，$3U_2=U_A+U_B+U_C=18$（V）	
试验仪器设置	采用手动试验	
	$\dot{U}_A$: $57\angle0.00°$V　$\dot{I}_A$: $0.00\angle0.00°$A $\dot{U}_B$: $57\angle-120°$V　$\dot{I}_B$: $0.00\angle0.00°$A $\dot{U}_C$: $57\angle120°$V　$\dot{I}_C$: $0.00\angle0.00°$A 低电压校验	$\dot{U}_A$: $42\angle0.00°$V　$\dot{I}_A$: $3.2\angle0.00°$A $\dot{U}_B$: $42\angle-120°$V　$\dot{I}_B$: $0.00\angle0.00°$A $\dot{U}_C$: $42\angle0.00°$V　$\dot{I}_C$: $0.00\angle0.00°$A "变量及变化步长选择"时变量为 U_{ABC} 幅值，变化步长为 0.1。 调节步长"▼"，直到保护动作

续表

试验项目	低电压、负序电压校验	
试验仪器设置	$\dot{U}_A$: 57∠0.00°V $\dot{I}_A$: 0.00∠0.00°A $\dot{U}_B$: 57∠-120°V $\dot{I}_B$: 0.00∠0.00°A $\dot{U}_C$: 57∠120°V $\dot{I}_C$: 0.00∠0.00°A 负序电压校验	$\dot{U}_A$: 40∠0.00°V $\dot{I}_A$: 3.2∠0.00°A $\dot{U}_B$: 57∠-120°V $\dot{I}_B$: 0.00∠0.00°A $\dot{U}_C$: 57∠0.00°V $\dot{I}_C$: 0.00∠0.00°A "变量及变化步长选择"时变量为 U_A 幅值，变化步长为 0.1。 调节步长"▼"，直到保护动作
装置报文	(1) 0ms 保护启动。 (2) 02035ms 高压侧复压闭锁过流保护动作	
装置指示灯	保护动作灯亮	

（3）复压方向元件校验以 A 相过流，与对应 U_{BC} 的角度来校验方向元件，具体见表 2-14。

表 2-14　　　　　　　　　　复压方向过流方向元件校验

试验项目	复压方向过流方向元件校验（正、反方向的区内、区外故障）			
整定定值	低电压闭锁定值：70V；负序电压闭锁定值：6V；复压闭锁过流定值：3A；复压闭锁过流时间：2s			
试验条件	(1) 软压板设置：投入高压侧后备保护软压板、投入高压侧电压投入软压板。 (2) 控制字设置："复压闭锁过流"置"1"			
计算方法	以 A 相过流，与对应 U_{BC} 的角度来校验方向元件，以电压为参考相位，固定 A 相电压在 0°角，U_{BC} 为 0°角，改变电流的角度，当方向指向变压器时，最大灵敏角-30°。其动作判据为：I_a 和 U_{bc} 夹角（电流落后电压时为正）满足 $-120° < \varphi < 60°$，且与之对应的相电流大于过流定值			
试验方法	(1) 状态 1 加正常电压量，电流为零，待 TV 断线恢复转入状态 2。 (2) 状态 2 加故障量，所加时间大于保护整定时间			
试验仪器设置	采用状态序列（60°边界校验）			
	区内故障，正方向		区外故障，反方向	
	状态 1	状态 2	状态 1	状态 2
	(1) 状态参数设置为 $\dot{U}_A$: 57.7∠0.00°V $\dot{U}_B$: 57.7∠-120°V $\dot{U}_C$: 57.7∠120°V $\dot{I}_A$: 0.00∠0.00°A $\dot{I}_B$: 0.00∠0.00°A $\dot{I}_C$: 0.00∠0.00°A (2) 触发条件设置：时间控制为 3s	(1) 状态参数设置为 $\dot{U}_A$: 30∠0.00°V $\dot{U}_B$: 30∠-120°V $\dot{U}_C$: 30∠120°V $\dot{I}_A$: 3.2∠-58°A $\dot{I}_B$: 0∠-120°A $\dot{I}_C$: 0∠-120°A (2) 触发条件设置：时间控制为 2.1s	(1) 状态参数设置为 $\dot{U}_A$: 57.7∠0.00°V $\dot{U}_B$: 57.7∠-120°V $\dot{U}_C$: 57.7∠120°V $\dot{I}_A$: 0.00∠0.00°A $\dot{I}_B$: 0.00∠0.00°A $\dot{I}_C$: 0.00∠0.00°A (2) 触发条件设置：时间控制为 3s	(1) 状态参数设置为 $\dot{U}_A$: 50∠0.00°V $\dot{U}_B$: 57.7∠-120°V $\dot{U}_C$: 57.7∠120°V $\dot{I}_A$: 3.2∠-62°A $\dot{I}_B$: 0.098∠-120°A $\dot{I}_C$: 0.098∠120°A (2) 触发条件设置：时间控制为 2.1s

续表

试验项目	复压方向过流方向元件校验（正、反方向的区内、区外故障）			
装置报文	(1) 0ms 保护启动。 (2) 02035ms 高压侧零序过流保护动作		0ms 保护启动	
装置指示灯	保护动作灯亮		无	
试验仪器 设置	采用状态序列（−120°边界校验）			
	区内故障，正方向		区外故障，反方向	
	状态 1	状态 2	状态 1	状态 2
	(1) 状态参数设置为 $\dot{U}_A$: 57.7∠0.00°V $\dot{U}_B$: 57.7∠−120°V $\dot{U}_C$: 57.7∠120°V $\dot{I}_A$: 0.00∠0.00°A $\dot{I}_B$: 0.00∠0.00°A $\dot{I}_C$: 0.00∠0.00°A (2) 触发条件设置：时间控制为 3s	(1) 状态参数设置为 $\dot{U}_A$: 30∠0.00°V $\dot{U}_B$: 30∠−120°V $\dot{U}_C$: 30∠120°V $\dot{I}_A$: 3.2∠118°A $\dot{I}_B$: 0∠−120°A $\dot{I}_C$: 0∠−120°A (2) 触发条件设置：时间控制为 2.1s	(1) 状态参数设置为 $\dot{U}_A$: 57.7∠0.00°V $\dot{U}_B$: 57.7∠−120°V $\dot{U}_C$: 57.7∠120°V $\dot{I}_A$: 0.00∠0.00°A $\dot{I}_B$: 0.00∠0.00°A $\dot{I}_C$: 0.00∠0.00°A (2) 触发条件设置：时间控制为 3s	(1) 状态参数设置为 $\dot{U}_A$: 50∠0.00°V $\dot{U}_B$: 57.7∠−120°V $\dot{U}_C$: 57.7∠120°V $\dot{I}_A$: 3.2∠122°A $\dot{I}_B$: 0.098∠−120°A $\dot{I}_C$: 0.098∠120°A (2) 触发条件设置：时间控制为 2.1s
装置报文	(1) 0ms 保护启动。 (2) 02035ms 高压侧零序过流保护动作		0ms 保护启动	
装置指示灯	保护动作灯亮		无	

2.2.3.3　零序方向过流保护

1. 零序方向过流保护原理

方向元件所采用的零序电流、零序电压为各侧自产的零序电流、零序电压。

(1) 零序过流元件。零序过流元件选择自产零序 $3I_0 = I_a + I_b + I_c$，其动作判据为

$$3I_0 > I_{0L.set}$$

式中　I_a、I_b、I_c——三相电流；

　　　　$I_{0L.set}$——零序过流定值。

(2) 方向元件。当方向指向变压器时，灵敏角为 −90°；指向母线（系统）时，灵敏角为 90°。如图 2 - 9 所示。

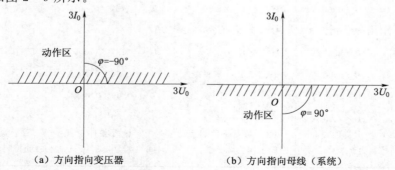

（a）方向指向变压器　　　　　（b）方向指向母线（系统）

图 2 - 9　零序方向元件动作特性

TV 断线时，方向元件退出。

零序方向过流保护逻辑框图如图 2-10 所示。

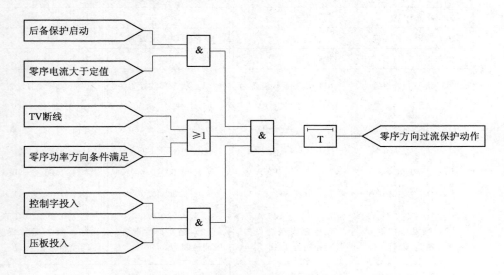

图 2-10 零序方向过流保护逻辑框图

2. 零序方向过流保护校验

零序方向过流保护定值校验（以低压侧外附为例）流程见表 2-15。

表 2-15 零序方向过流保护定值校验流程

试验项目	零序方向过流保护定值校验（正、反方向的区内、区外故障）
整定定值	零序过流Ⅱ段保护定值：1A；零序过流Ⅱ段保护时间：1s；零序过流Ⅲ段保护定值：0.8A；零序过流Ⅲ段保护定值时间：2s；零序过流Ⅱ段保护固定带方向，方向固定指向母线，灵敏角为−90°；零序过流Ⅲ段保护整定不带方向
试验条件	(1) 软压板设置：投入高压侧后备保护软压板、投入高压侧电压投入软压板。 (2) 控制字设置："零序过流Ⅰ段"置"1"、"复压闭锁过流"置"1"。 (3) TV 断线指示灯灭
计算方法	计算公式：$I = mI_{01}$ 式中：m 为系数。 计算数据： $m = 1.05$ 时，$I = mI_{01} = 1.05 \times 1 = 1.05$（A） $m = 0.95$ 时，$I = mI_{01} = 0.95 \times 1 = 0.95$（A）
试验方法	(1) 状态 1 加正常电压量，电流为零，待 TV 断线恢复转入状态 2。 (2) 状态 2 加故障量，所加时间大于保护整定时间

续表

试验项目	零序方向过流保护定值校验（正、反方向的区内、区外故障）			
试验仪器设置	采用状态序列			
	区内故障，正方向		区外故障，反方向	
	状态 1	状态 2	状态 1	状态 2
	（1）状态参数设置为 $\dot{U}_A$：57.7∠0.00°V $\dot{U}_B$：57.7∠−120°V $\dot{U}_C$：57.7∠120°V $\dot{I}_A$：0.00∠0.00°A $\dot{I}_B$：0.00∠0.00°A $\dot{I}_C$：0.00∠0.00°A （2）触发条件设置：时间控制为 3s	（1）状态参数设置为 $\dot{U}_A$：50∠0.00°V $\dot{U}_B$：57.7∠−120°V $\dot{U}_C$：57.7∠120°V $\dot{I}_A$：1.05∠90°A $\dot{I}_B$：0∠−120°A $\dot{I}_C$：0∠−120°A （2）触发条件设置：时间控制为 1.1s	（1）状态参数设置为 $\dot{U}_A$：57.7∠0.00°V $\dot{U}_B$：57.7∠−120°V $\dot{U}_C$：57.7∠120°V $\dot{I}_A$：0.00∠0.00°A $\dot{I}_B$：0.00∠0.00°A $\dot{I}_C$：0.00∠0.00°A （2）触发条件设置：时间控制为 3s	（1）状态参数设置为 $\dot{U}_A$：50∠0.00°V $\dot{U}_B$：57.7∠−120°V $\dot{U}_C$：57.7∠120°V $\dot{I}_A$：1.05∠−90°A $\dot{I}_B$：0.098∠−120°A $\dot{I}_C$：0.098∠120°A （2）触发条件设置：时间控制为 1.1s
装置报文	（1）0ms 保护启动。 （2）02035ms 高压侧零序过流保护动作		0ms 保护启动	
装置指示灯	保护动作灯亮		无	
试验项目	零序方向动作区、灵敏角校验			
动作区试验方法	（1）手动试验界面。 （2）先加正常电压量，使电流为零（让 TV 断线恢复），再按"菜单栏"下的"输出保持"按钮（此时改变量不会影响输出值）。 （3）改变电流量大于定值，角度调为大于边界几个角度。 （4）在仪器中选择好变量（角度）、变化步长。 （5）点击"确定"按钮，调节步长"▲"或"▼"，直到保护动作			
试验仪器设置	采用手动试验			
	（1）状态参数设置为 $\dot{U}_A$：57.7∠0.00°V $\dot{U}_B$：57.7∠−120°V $\dot{U}_C$：57.7∠120°V $\dot{I}_A$：0.00∠0.00°A $\dot{I}_B$：0.00∠0.00°A $\dot{I}_C$：0.00∠0.00°A		（1）状态参数设置为 $\dot{U}_A$：50∠0.00°V $\dot{U}_B$：57.7∠−120°V $\dot{U}_C$：57.7∠120°V $\dot{I}_A$：1.2∠180°A（边界 1） $\dot{I}_B$：0.00∠0.00°A $\dot{I}_C$：0.00∠0.00°A "变量及变化步长选择"时变量为角度，变化步长为 1.00°。 调节步长"▼"，直到保护动作	

续表

试验项目	零序方向过流保护定值校验（正、反方向的区内、区外故障）	
试验仪器设置	（2）状态参数设置为 $\dot{U}_A$：$57.7\angle 0.00°$V $\dot{U}_B$：$57.7\angle -120°$V $\dot{U}_C$：$57.7\angle 120°$V $\dot{I}_A$：$0.00\angle 0.00°$A $\dot{I}_B$：$0.00\angle 0.00°$A $\dot{I}_C$：$0.00\angle 0.00°$A	（2）状态参数设置为 $\dot{U}_A$：$50\angle 0.00°$V $\dot{U}_B$：$57.7\angle -120°$V $\dot{U}_C$：$57.7\angle 120°$V $\dot{I}_A$：$1.2\angle -2°$A（边界2） $\dot{I}_B$：$0.00\angle 0.00°$A $\dot{I}_C$：$0.00\angle 0.00°$A "变量及变化步长选择"时变量为角度，变化步长为$1.00°$。 调节步长"▲"，直到保护动作
动作区	动作区：$\varphi_1 > \varphi > \varphi_2$ 参考动作区：$178.00° > \varphi > 1°$ 灵敏角：I_a（$3I_0$）与U_A之间$\varphi = （\varphi_1 - \varphi_2）/2 + \varphi_2 = 89.5°$	

2.2.3.4　间隙过流保护、零序电压保护

1. 间隙过流保护原理

间隙过流保护、零序过压保护作为变压器中性点经间隙接地运行时的接地故障后备保护，当间隙被击穿，经间隙的电流大于整定值时，保护延时跳闸；当间隙未被击穿而间隙零序电压大于整定值时，保护延时跳闸。

（1）间隙过流保护判据为

$$3I_0 > I_{0g.set}$$

或

$$3U_0 > U_{0g.set}$$

式中　$3I_0$——间隙电流，取自保护装设侧中性点间隙 TA；

$I_{0g.set}$——间隙过流定值；

$3U_0$——间隙零序电压，取外接 $3U_0$ 电压；

$U_{0g.set}$——间隙零序过压定值。

间隙过流元件为防止间隙间歇性击穿而采用过流和过压的"或"门逻辑，其动作逻辑框图如图 2-11 所示。

（2）零序过压保护判据为

$$3U_0 > U_{0g.set}$$

式中　$3U_0$——间隙零序电压，取外接 $3U_0$ 电压；

$U_{0g.set}$——间隙零序过压定值。

零序过压保护动作逻辑框图如图 2-12 所示。

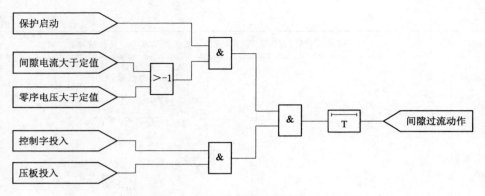

图 2 - 11　间隙过流保护逻辑图

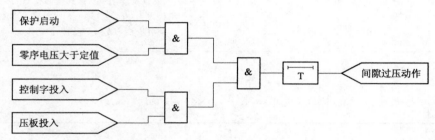

图 2 - 12　零序过压保护逻辑图

2. 间隙保护校验

（1）间隙过流保护定值校验流程见表 2 - 16。

表 2 - 16　　　　　　　　　　间隙过流保护定值校验流程

试验项目	间隙过流保护定值校验	
整定定值	间隙过流一次定值：100A；间隙过压定值：180V；间隙过流保护动作时间：0.5s	
试验条件	（1）软压板设置：投入高压侧后备保护软压板、投入高压侧电压投入软压板。 （2）控制字设置："间隙过流"置"1"	
试验方法	（1）采用手动试验 （2）改变电流量大于 $I_{0g.set}$ 定值 （3）改变外接 $3U_0$ 大于 $U_{0g.set}$ 定值 （4）设置时间大于间隙过流时间定值	
计算值	按照变比 200/1，得电流定值 0.5A，电压定值 180V	
试验仪器 设置	采用手动试验	
	$3\dot{U}_0$：0∠0.00°V　$\dot{I}_{0.g}$：0.525∠0.00°A 时间持续 0.6s 一个状态	$3\dot{U}_0$：180∠0.00°V　$\dot{I}_{0.g}$：0∠0.00°A 时间持续 0.6s 一个状态
	$3\dot{U}_0$：180∠0.00°V　$\dot{I}_{0.g}$：0∠0.00°A 时间持续 0.3s 状态 1	$3\dot{U}_0$：0∠0.00°V　$\dot{I}_{0.g}$：0.525∠0.00°A 时间持续 0.3s 状态 2

续表

试验项目	间隙过流保护定值校验
装置报文	(1) 0ms 保护启动。 (2) 535ms 间隙过流动作
装置指示灯	保护动作灯亮

（2）零序过压定值校验流程见表 2-17。

表 2-17　　　　　　　　　零序过压定值校验流程

试验项目	零序过压定值校验
整定定值	间隙过流一次定值：100A；间隙过压定值：180V；间隙过流保护动作时间：0.5s
试验条件	(1) 软压板设置：投入高压侧后备保护软压板、投入高压侧电压投入软压板。 (2) 控制字设置："间隙过流"置"1"
试验方法	(1) 采用手动试验。 (2) 改变外接 $3U_0$ 大于 $U_{0g.set}$ 定值。 (3) 设置时间大于间隙过流时间定值
计算值	电压定值 180V
试验仪器设置	采用手动试验 $3\dot{U}_0$：$180\angle 0.00°$V 时间持续 0.6s 一个状态
装置报文	(1) 0ms 保护启动。 (2) 535ms 间隙过流动作
装置指示灯	保护动作灯亮

2.2.3.5　断路器失灵保护

1. 断路器失灵保护原理

断路器失灵保护，高中各侧断路器失灵保护动作接点开入后，分别经各侧灵敏的、不需整定的电流元件并带 50ms 延时后跳变压器各侧断路器。

电流元件采用突变量电流、零序电流、负序电流"或"门开放。其中零序电流 $3I_0$ 和负序电流 I_2 门槛为 $0.2I_e$，突变量门槛不大于 $0.20I_e$。

失灵开入节点长期开入时发告警，长期开入时间固定为 6s。

其动作逻辑框图如图 2-13 所示。

2. 断路器失灵保护校验

高压侧失灵联跳主变压器各侧定值校验流程见表 2-18。

75

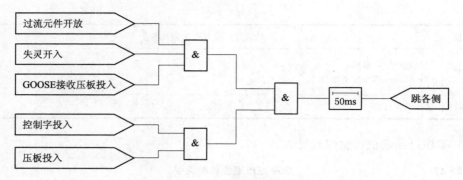

图 2-13　断路器失灵保护逻辑图

表 2-18　　　　　　　　　高压侧失灵联跳主变压器各侧定值校验流程

试验项目	高压侧失灵联跳主变压器各侧定值校验	
整定定值	高压侧失灵联跳主变压器各侧定值：0.08L（装置内部固定）	
试验条件	（1）软压板设置：投入高后备保护软压板、高压侧电压投入软压板。 （2）控制字设置：投入高压侧失灵经主变压器跳闸	
计算方法	计算公式：$I=mI_{SL}$ 式中：m 为系数。 计算数据： $m=1.05$ 时，$I=mI_{SL}=1.05\times0.08=0.084$（A） $m=0.95$ 时，$I=mI_{SL}=0.95\times0.08=0.076$（A）	
试验方法	（1）待 TV 断线复归；状态 1 加正常电压量，电流为零，待 TV 断线恢复转入状态 2。 （2）状态 2 直接加入故障量和高压侧失灵开入用 GOOSE 开出量置"1"，所加时间大于 0.1s	
试验仪器 设置 $m=1.05$	采用状态序列	
	状态 1	状态 2
	（1）状态参数设置为 $\dot{U}_A$：57.74∠0.00°V $\dot{U}_B$：57.74∠-120°V $\dot{U}_C$：57.74∠120°V （2）触发条件设置：时间控制为 3s	（1）状态参数设置为 $\dot{U}_A$：57.74∠0.00°V $\dot{I}_A$：0.084∠0.00°A $\dot{U}_B$：57.74∠-120°V $\dot{I}_B$：0.00∠0.00°A $\dot{U}_C$：57.74∠120°V $\dot{I}_C$：0.00∠0.00°A （2）开关量设置：GOOSE 开出，保持时间为 0.1s。 （3）触发条件设置：时间控制为 0.1s
装置报文	（1）0ms 保护启动。 （2）60ms 高压侧失灵联跳各侧	
装置指示灯	保护动作灯亮	

续表

试验项目	高压侧失灵联跳主变压器各侧定值校验	
	采用状态序列	
	状态 1	状态 2
试验仪器设置 $m=0.95$	(1) 状态参数设置为 $\dot{U}_A$: 57.74∠0.00°V $\dot{U}_B$: 57.74∠−120°V $\dot{U}_C$: 57.74∠120°V (2) 触发条件设置：时间控制为 3s	(1) 状态参数设置为 $\dot{U}_A$: 57.74∠0.00°V $\dot{I}_A$: 0.076∠0.00°A $\dot{U}_B$: 57.74∠−120°V $\dot{I}_B$: 0.00∠0.00°A $\dot{U}_C$: 57.74∠120°V $\dot{I}_C$: 0.00∠0.00°A (2) 开关量设置：GOOSE，保持时间为 0.1s。 (3) 触发条件设置：时间控制为 0.1s
装置报文	0ms 保护启动	
装置指示灯	无	

2.2.3.6 告警功能及其他辅助功能

1. 差流越限告警

纵联差动设有差流越限告警功能，提醒运行人员及时查找问题。

差流越限门槛为差动定值的 0.33 倍（最小不能低于 $0.05I_n$，I_n 为 TA 二次额定电流值），延时时间固定为 6s。

2. TV 异常判别

TV 断线判据如下：在不启动情况下，满足"任一线电压小于 70V"或者"负序电压大于 8V"，则判定为 TV 断线。发信的延时时间固定为 6s。

3. 零序过压告警

零序过压告警功能装设在低压侧，主要起告警作用，提醒运行人员及时查找问题。零序过压告警可经控制字投入。

零序过压告警电压定值固定为 70V，时间为 10s。

4. 双 AD 采样不一致告警

电流采样不一致判据如下：

(1) max $(I_1, I_2) > 0.2I_n$，且 $|I_1 - I_2| > 0.2$max (I_1, I_2)。

(2) max $(I_1, I_2) < 0.2I_n$，且 $|I_1 - I_2| > 0.04I_n$。

满足以上条件之一，延时约 25s 置双 AD 采样不一致告警。

电压采样不一致判据如下：

(1) max $(U_1, U_2) > 0.1U_n$，且 $|U_1 - U_2| > 0.1$max (U_1, U_2)。

(2) max $(U_1, U_2) < 0.1U_n$，且 $|U_1 - U_2| > 0.01U_n$。

满足以上条件之一，延时约 25s 置双 AD 采样不一致告警。

注：当主、从通道采样值均大于 $1.5I_n$ 时，不进行双 AD 不一致判别。

5. 电压压板的相关说明

对于电压压板，正常运行时固定投入，当该侧 TV 检修时退出。当退出电压压板时，保护装置不再判别 TV 断线（不发 TV 断线告警信号），但保护逻辑按照该侧 TV 断线时处理，即：

（1）当退出电压压板时，阻抗保护退出，复压过流保护的方向元件退出，对于高压侧后备保护单元，复压元件由其他侧开放，本侧复压不再开放其他侧；零序方向过流保护的方向元件退出。

（2）对于低压侧后备保护，当退出电压压板时，退出复压元件，低压侧复压过流默认为纯过流。

6. 数字化采样异常处理

数字化采样中影响保护应用的主要异常分为数据无效（如通信中断和丢点等）和同步异常两类。数据无效又分为电流数据无效和电压数据无效。

（1）电流数据异常对保护的影响。

1）差动保护。对于交流通道的电流数据无效，瞬时闭锁相关差动保护，当数据无效返回后并经短延时开放相关差动保护。

2）后备保护。根据出现数据异常侧，闭锁相关侧后备保护中相关保护功能，即：

a. 当三相电流中任意一相电流数据异常时，闭锁本侧的阻抗保护、复压闭锁方向过流、复压闭锁过流、零序过流取自产的保护等。

b. 当外接零序电流数据异常时，闭锁取外接的零序方向过流保护。

c. 当间隙电流数据异常时，闭锁间隙过流保护中的间隙电流判据，但不闭锁零序过压判据。

d. 当间隙零序电压数据异常时，闭锁间隙零序过压保护。

（2）相电压数据异常。根据出现电压数据异常侧，按照该侧 TV 断线的保护逻辑处理。

（3）同步异常。任意一侧电流数据同步异常时，只闭锁相关的差动保护。数字化采样中出现的异常状况均按侧分别延时 1s 后告警。

7. 数字化采样检修标志处理

智能变电站数字化保护装置根据合并单元和保护装置的检修状态来确定通道数据是否有效。合并单元和保护装置的检修状态一致时本侧数据有效，不一致时无效。检修标志处理见表 2-19。

表 2-19　　　　　　　　　　　检 修 标 志 处 理

采样数据测试状态	装置本地检修状态	通道数据有效标志
测试态	检修态	有效
非测试态	非检修态	有效
非测试态	检修态	无效
测试态	非检修态	无效

8. 软压板定值的相关说明

智能变电站变压器保护除检修压板可为硬压板模式外，其余压板均固定为软压板模式。

（1）保护功能软压板。如差动保护压板、高压侧后备保护压板、中压侧后备保护压板、低压侧后备保护压板和 TV 投入压板等。

（2）SV 投退软压板。即合并单元投退软压板，合并单元检修或本侧通道不用时退出本侧 SV 软压板，退出 SV 软压板后，本侧所有电流、电压通道数据置 0，数据状态标志为有效。

注：当退出合并单元（含电压数据）软压板时，需退出相应侧的 TV 投入压板。若 TV 合并单元直接接入保护装置，TV 合并单元检修或退出时，需退出相应侧的 TV 投入压板。

（3）GOOSE 发送软压板。相当于传统保护中的屏柜下方的出口压板，如跳高侧断路器 GOOSE 出口软压板、跳中侧断路器 GOOSE 出口软压板、跳低侧断路器 GOOSE 出口软压板、跳母联 GOOSE 出口软压板、跳分段 GOOSE 出口软压板、启动失灵 GOOSE 软压板、解母线电压闭锁软压板、闭锁备投软压板等。本 GOOSE 出口软压板退出时光纤通信口不发送对应的 GOOSE 跳闸命令。

（4）GOOSE 接收软压板。相当于传统保护中的开入压板。当 GOOSE 接收软压板投入时，相应的 GOOSE 开入有效；当 GOOSE 接收软压板退出时，相应的 GOOSE 开入无效。

（5）"远方操作"硬压板。"远方操作"只设硬压板，当该压板退出时，不能进行远方修改定值、切换定值区、投退软压板等操作，可就地修改定值、切换定值区、投退软压板等操作；当该压板投入时，不能进行就地修改定值、切换定值区、投退软压板等操作。

（6）"远方修改定值"软压板、"远方切换定值区"软压板、"远方投退"软压板均只能在就地投退，三压板相对独立，具体解释为：

1）当"远方操作"硬压板退出时，无论三压板为何状态（投入或退出），均不允许远方操作（修改定值、投退压板、切换定值区），只允许就地操作。

2）当"远方操作"硬压板投入，且"远方修改定值"软压板投入时，远方可修改保护定值及装置参数定值。当"远方操作"硬压板投入，且"远方切换定值区"软压板投入时，远方可切换定值区。

3）当"远方操作"硬压板投入，且"远方投退"软压板投入时，远方可投退保护功能软压板。

（7）检修压板。检修压板投入时装置置为检修状态。

第 3 章

PCS – 978 数字式变压器保护装置调试

3.1 保护功能简介

PCS-978 数字式变压器保护装置适用于 35kV 及其以上电压等级，需要提供双套主保护、双套后备保护的各种接线方式的变压器。

PCS-978 数字式变压器保护装置可支持电子式互感器和常规互感器，支持电力行业通信标准 DL/T 667—1999（IEC 60870—5—103）《远动设备及系统 第 5 部分：传输规约 第 103 篇：继电保护设备信息接口配套标准》和新一代变电站通信标准 IEC61850，支持 GOOSE 输入和输出功能，并支持分布式保护配置模式。

PCS-978 数字式变压器保护装置应用在 220kV 数字变电站国网九统一标准化配置时，包括以下保护：纵联差动保护、稳态比率差动保护、工频变化量比率差动保护、分相差动保护/低压侧小区差动保护、分侧差动保护、零序差动保护、过励磁保护、复压闭锁方向保护、阻抗保护、零序方向过流保护间隙过流保护、零序过压保护，另外还包括以下异常告警功能：过励磁报警、过负荷报警、差流异常报警、零序/分侧差流异常报警、TA 断线报警、TA 异常报警和 TV 异常报警。

3.2 保护逻辑框图

3.2.1 稳态比率差动保护

稳态比率差动保护用来区分差流是由于内部故障还是不平衡输出（特别是外部故障时）引起。稳态比率差动保护的动作特性和动作逻辑如图 3-1 和图 3-2 所示。PCS-978 数字式变压器保护装置采用的稳态比率差动作方程为

$$
\left.
\begin{aligned}
&I_d > 0.2I_r + I_{cdqd} && I_r \leqslant 0.5I_e \\
&I_d > K_{bl}(I_r - 0.5I_e) + 0.1I_e + I_{cdqd} && 0.5I_e \leqslant I_r \leqslant 6I_e \\
&I_d > 0.75(I_r - 6I_e) + K_{bl} \times 5.5I_e + 0.1I_e + I_{cdqd} && I_r > 6I_e \\
&I_r = \frac{1}{2}\sum_{i=1}^{m}|I_i| \\
&I_d = \sum_{i=1}^{m}|I_i|
\end{aligned}
\right\} \tag{3-1}
$$

$$\left. \begin{array}{l} I_d > 0.6(I_r - 0.8I_e) + 1.2I_e \\ I_r > 0.8I_e \end{array} \right\} \qquad (3-2)$$

式中　　I_e——变压器额定电流;

　　　　I_i——变压器各侧电流;

　　I_{cdqd}——稳态比率差动保护启动定值;

　　　　I_d——差动电流;

　　　　I_r——制动电流。

　　　　K_{bl}——比率制动系数整定值,$0.2 \leqslant K_{bl} \leqslant 0.75$,PCS-978 数字式变压器保护装置中固定设为 $K_{bl} = 0.5$。

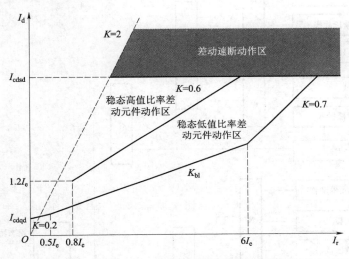

图 3-1　稳态比率差动保护的动作特性

3.2.2　工频变化量比率差动保护

工频变化量比率差动保护的动作方程为

$$\left. \begin{array}{ll} \Delta I_d > 1.25\Delta I_{dt} + I_{dth} & \\ \Delta I_d > 0.6\Delta I_r & \Delta I_r < 2I_e \\ \Delta I_d > 0.75\Delta I_r - 0.3I_e & \Delta I_r > 2I_e \\ \Delta I_r = \max\{|\Delta I_{1\varphi}| + |\Delta I_{2\varphi}| + \cdots + |\Delta I_{m\varphi}|\} & \\ I_d = |\Delta \dot{I}_1 + \Delta \dot{I}_2 + \cdots + \Delta \dot{I}_{m\varphi}| & \end{array} \right\} \qquad (3-3)$$

式中　ΔI_{dt}——浮动门槛,随着变化量输出增大而逐步自动提高,取 1.25 倍可保证门槛电压始终略高于不平衡输出,保证在系统振荡或频率偏移情况下保护不误动;

　　$\Delta I_{m\varphi}$——变压器各侧电流的工频变化量;

　　$\Delta \dot{I}_1$——差动电流的工频变化量;

　　I_{dth}——固定门槛;

　　ΔI_r——制动电流的工频变化量,取最大相制动。

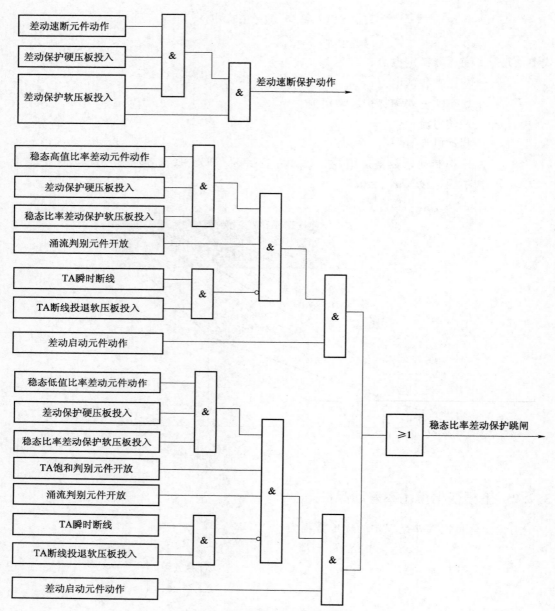

图 3 - 2　稳态比率差动保护动作逻辑

工频变化比率差动保护的动作特性和动作逻辑如图 3 - 3 和图 3 - 4 所示。

3.2.3　复压闭锁方向过流保护

方向元件采用正序电压，并带有记忆，近处三相短路时方向元件无死区。接线方式为 0°接线方式，接入装置的 TA 正极性端应在母线侧。当方向指向变压器时，灵敏角为 45°；当方向指向系统时，灵敏角为 225°。相间方向元件的动作特性如图 3 - 5 所示，阴影区为动作区。

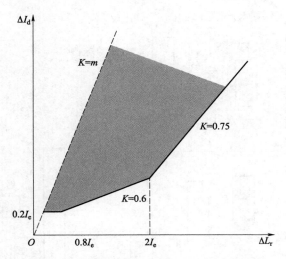

图 3-3　工频变化量比率差动保护的动作特性

m—参与工频变化量差动保护计算的差动分支数

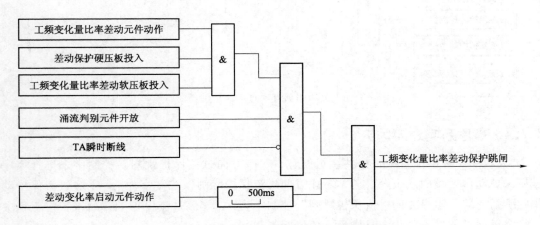

图 3-4　工频变化量比率差动保护动作逻辑

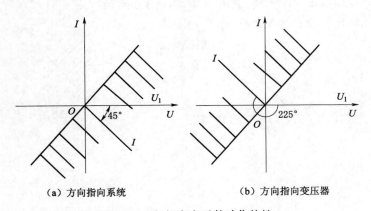

（a）方向指向系统　　　　（b）方向指向变压器

图 3-5　相间方向元件动作特性

83

复压闭锁方向过流保护动作逻辑如图 3 - 6 所示。

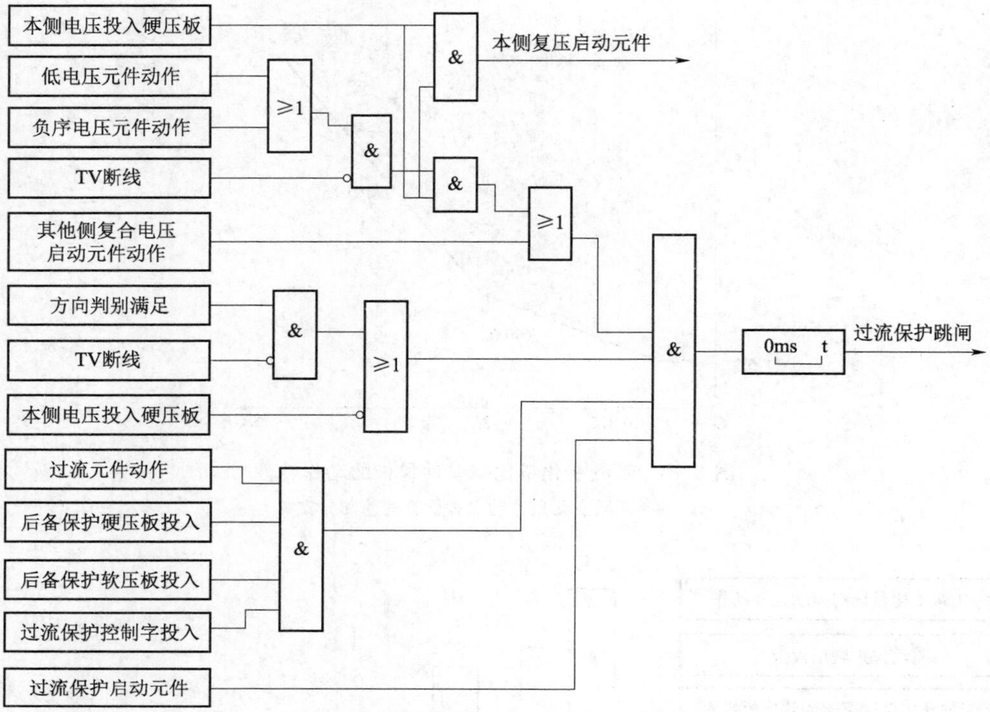

图 3 - 6 复压闭锁方向过流保护动作逻辑

3. 2. 4 零序方向过流保护

"九统一"标准配置中，公共绕组设有"零序方向过流保护跳闸"控制字来选择零序过流保护动作后跳闸或报警。若"零序方向过流保护跳闸"控制字为 1，零序过流保护动作后跳闸；若"零序方向过流保护跳闸"控制字为 0，零序过流保护动作后报警。工程中可能会根据需求进行固化，具体见定值说明。

当方向指向变压器时，方向灵敏角为 255°；当方向指向系统时，方向灵敏角为 75°。方向元件的动作特性和动作逻辑如图 3 - 7 和图 3 - 8 所示。

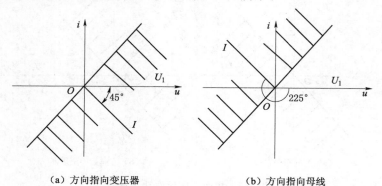

（a）方向指向变压器   （b）方向指向母线

图 3 - 7 零序方向元件动作特性

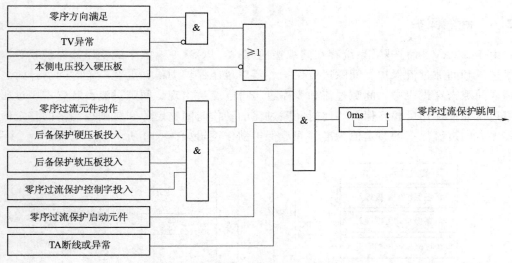

图 3-8　零序方向过流保护动作逻辑框图

3.2.5　失灵联跳

PCS-978 保护装置设有高、中压侧失灵联跳功能，用于母差或其他失灵保护装置通过变压器保护跳主变各侧的方式。当外部保护动作接点经失灵联跳开入接点进入装置后，经过装置内部灵敏的、不需整定的电流元件并带 50ms 延时后跳变压器各侧断路器。失灵联跳的电流元件判据为：高压侧相电流大于 $1.1I_n$，或零序电流大于 $0.1I_n$，或负序电流大于 $0.1I_n$，或电流突变量判据。其中，电流突变量判据动作方程为

$$\Delta I > 1.25 \times \Delta I_t + I_{th} \tag{3-4}$$

式中　ΔI_t——浮动门槛，随着电流变化量增大而逐步自动提高，取 1.25 倍可保证动作门槛值始终略高于电流不平衡值；

　　　ΔI——电流变化量的幅值；

　　　I_{th}——固定门槛，取 $0.1I_n$。

失灵联跳保护动作逻辑如图 3-9 所示。

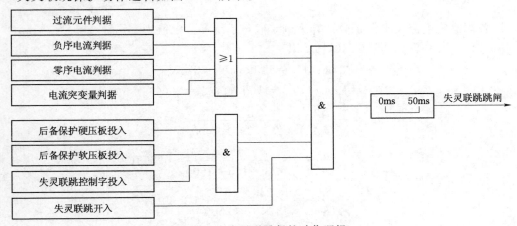

图 3-9　失灵联跳保护动作逻辑

85

3.2.6 间隙保护

由于 220kV 和 110kV 系统存在间隙接地方式，PCS-978 数字式变压器保护装置设有零序过压和间隙过流保护。间隙过流保护、零序过压保护动作并展宽一定时间后计时。考虑到在间隙击穿过程中，间隙过流和零序过压可能交替出现，间隙过流由装置零序过压和间隙过流元件动作后相互保持，此时间隙过流的动作时间整定值和跳闸控制字的整定值均以零序方向过流保护的整定值为准。间隙保护动作逻辑如 3-10 所示。

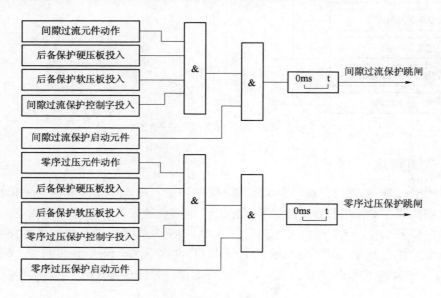

图 3-10 间隙保护动作逻辑

3.3 试验调试方法

3.3.1 试验计算

以各侧额定电流及平衡系数计算为例，假定系统参数定值为

$$S_e = 2400MVA$$
$$U_h = 230kV, U_m = 115kV, U_l = 37kV$$
$$n_{a.h} = 1600/1, n_{a.m} = 1600/1, n_{a.l} = 2500/1$$
$$I_{e.h} = \frac{S_e}{\sqrt{3}U_h n_{a.h}} = \frac{240 \times 10^3}{\sqrt{3} \times 230 \times 1600} \approx 0.376(A)$$
$$I_{e.m} = \frac{S_e}{\sqrt{3}U_m n_{a.m}} = \frac{240 \times 10^3}{\sqrt{3} \times 115 \times 1600} \approx 0.753(A)$$
$$I_{e.l} = \frac{S_e}{\sqrt{3}U_l n_{a.l}} = \frac{240 \times 10^3}{\sqrt{3} \times 37 \times 2500} \approx 1.50(A)$$

3.3.2　调试方法

1. 主保护检验

（1）纵联差动保护启动定值校验见表 3-1。

表 3-1　　　　　　　　　　　　　　纵联差动保护启动定值校验

试验项目	纵联差动保护启动定值校验	
相关定值	差动保护启动电流定值：$0.5I_e$；接线方式：YN，yn，d11	
试验条件	（1）功能软压板设置：投入"主保护"功能软压板，其余保护功能软压板退出。 （2）控制字设置："纵联差动速断"置"0"、"纵联差动保护"置"1"。 （3）SV 接收软压板设置：仅投入加量一侧的 SV 接收软压板，其余侧退出	
计算方法	计算公式：Ｙ侧（单相）：$I_\phi = 0.5mI_e \times 1.5$ Ｙ侧（三相）：$I_\phi = 0.5mI_e$ △侧（单相）：$I_\phi = 0.5mI_e \times \sqrt{3}$ 式中：m 为系数，I_e 为各侧额定电流。 例：高压侧（单相校验法） $m=0.95$ 时，$I_\phi = m \times 0.5 \times I_e \times 1.5 = 0.95 \times 0.5 \times 0.376 \times 1.5 = 0.268$（A） $m=1.05$ 时，$I_\phi = m \times 0.5 \times I_e \times 1.5 = 1.05 \times 0.5 \times 0.376 \times 1.5 = 0.296$（A）	
注意事项	当"TA 断线闭锁差动保护"控制字整定为"0"时，纵联差动保护的启动定值不经 TA 断线闭锁； 当"TA 断线闭锁差动保护"控制字整定为"1"时，纵联差动保护的启动定值经 TA 断线闭锁	
纵联差动保护启动定值试验仪器设置	手动模式参数设置（以高压侧 A 相间为例）	
	$\dot{I}_A$：$0.25\angle 0.00°A$ $\dot{I}_B$：$0.00\angle 0.00°A$ $\dot{I}_C$：$0.00\angle 0.00°A$	I_A 的变化量步长设为 0.005A，缓慢上升，直到保护装置动作
	说明：如采用状态序列模式，电流直接设为 $1.05I_e$ 和 $0.95I_e$，状态控制时间设为 0.05s	
	装置报文	（1）0ms 保护启动。 （2）20ms 纵差比率差动（在 1.2 倍动作值下，为 13ms 纵差比率差动）
	装置指示灯	跳闸

（2）纵差比率差动比率系数定值校验见表 3-2。

表 3-2　　　　　　　　　　　　　　纵差比率差动比率系数定值校验

试验项目	纵差比率差动比率系数定值校验
相关定值	比率制动系数：$K_{bl} = 0.5$（第二段斜率 0.75 校验方法类似）
试验条件	（1）功能软压板设置：投入"主保护"功能软压板，其余保护功能软压板退出。 （2）控制字设置："纵联差动速断"置"0"、"纵联差动保护"置"1"。 （3）SV 接收软压板设置：投入"高压侧电流 SV 接收软压板""低压侧电流 SV 接收软压板"，退出"中压侧电流 SV 接收软压板"

续表

试验项目	纵差比率差动比率系数定值校验	
计算方法	以高压侧 AB 相间、低压侧 a 相为例，假设制动电流 $I_r=2I_e$。 $I_d=K_{bl}(I_r-0.5I_e)+0.5I_e\times0.2+I_{cdqd}$ $\quad=0.5(I_r-0.5I_e)+0.1I_e+0.3I_e$ $\quad=\dfrac{I_高}{0.33}-\dfrac{I_低}{1.925\times\sqrt{3}}$ $I_r=\dfrac{\dfrac{I_高}{0.33}+\dfrac{I_低}{1.925\times\sqrt{3}}}{2}=I_e$ 计算结果得出 $I_高=0.437A$，$I_低=2.25A$ $I_d=I_{opmin}+0.5(I_r-0.5I_e)+0.5I_e\times0.2=1.35I_e$ $I_1+I_2=2I_r=4I_e$，$I_1-I_2=I_d=1.35I_e$ $I_1=2.675I_e$ $I_2=1.325I_e$ $I_h=2.675\times0.376=1.0$（A） $I_L=I_2=1.732\times1.5\times1.325=3.44$（A）	
仪器试验 设置	手动模式参数设置（以高压侧 AB 相间为例）	
	第一组映射到高压侧，第二组映射到低压侧 $\dot{I}_{A1}$：$1.0\angle0.00°A$ $\dot{I}_{B1}$：$1.0\angle180°A$ $\dot{I}_{C1}$：$0.0\angle120°A$ $\dot{I}_{A2}$：$3.6\angle180°A$ $\dot{I}_{B2}$：$0.0\angle180°A$ $\dot{I}_{C2}$：$0.0\angle120°A$	I_{A2} 的变化量步长设为 0.05A，缓慢下降，直到保护装置动作
	装置报文：（1）0ms 保护启动。 （2）25ms 纵差比率差动动作	
	装置指示灯：跳闸	

（3）纵差比率二次谐波系数校验见表 3-3。

表 3-3　　　　　　　　　　　　**纵差比率二次谐波系数校验**

试验项目	纵差比率二次谐波系数校验	
相关定值	纵差比率二次谐波制动系数：0.15	
试验条件	（1）功能软压板设置：投入"主保护"功能软压板，其余保护功能软压板退出。 （2）控制字设置："纵联差动速断"置"0"、"纵联差动保护"置"1"、"二次谐波制动"置"1"	
仪器试验 设置	手动模式参数设置	
	$\dot{I}_A$：$0.5\angle0°A$（50Hz） $\dot{I}_B$：$0.1\angle180°A$（100Hz） $\dot{I}_C$：$0\angle0°A$	I_B 的变化量步长设为 0.001A，缓慢下降，直到保护装置动作

（4）纵联差动速断保护定值校验见表 3-4。

表 3-4   纵联差动速断保护定值校验

试验项目	差动速断保护定值校验	
相关定值	差动速断电流定值：$5I_e$。	
试验条件	（1）功能软压板设置：投入"主保护"功能软压板，其余保护功能软压板退出。 （2）控制字设置："纵联差动速断"置"1"、"纵联差动保护"置"1"（两者皆投入，差动速断功能才能投入）	
计算方法	（1）高压侧若通入相间电流（即电流 A 相与 B 相反向），则差动速断电流为 $1.05 \times 5 \times 0.376 = 1.974$（A）时可靠动作，为 $0.95 \times 5 \times 0.376 = 1.786$（A）时可靠不动作。 （2）高压侧若通入单相电流，则差动速断电流为 $1.05 \times 5 \times 0.376 \times 1.5 = 2.96$（A）时可靠动作，为 $0.95 \times 5 \times 0.376 \times 1.5 = 2.68$（A）时可靠不动作	
仪器试验设置	手动模式参数设置（以高压侧 AB 相间为例）	
	$\dot{I}_A$：$1.8\angle 0.00°$A $\dot{I}_B$：$1.8\angle 180°$A $\dot{I}_C$：$0\angle 120°$A	I_A、I_B 的变化量步长设为 0.05A，缓慢上升，直到保护装置动作
	说明：如采用状态序列模式，电流直接设为 $1.05I_e$ 和 $0.95I_e$，状态控制时间设为 0.05s	
	装置报文	（1）0ms 保护启动。 （2）20ms 纵差比率差动动作（在 1.2 倍动作值下，为 13ms 纵差比率差动动作）
	装置指示灯	跳闸
思考	单相法为什么要乘以 1.5？	

2. 高压侧后备保护检验

（1）高压侧复压闭锁过流保护校验见表 3-5。

表 3-5   高压侧复压闭锁过流保护校验

试验项目	高压侧复压闭锁方向过流保护校验
相关定值	低电压闭锁定值：70V；负序电压闭锁定值：7V；复压闭锁过流定值：3A；复压闭锁过流时间：2s
试验条件	（1）功能软压板设置：投入"高压侧后备保护"软压板，投入"高压侧电压"软压板，退出"中压侧电压"软压板，退出"低压侧电压"软压板。 （2）控制字设置：投入高压侧相应段"复压闭锁过流"置"1"
计算方法	（1）复压闭锁过流定值 $I = mI_{定值}$。 当 $m = 1.05$ 时，电流值 $I = 1.05 \times 3 = 3.15$（A）时可靠动作；当 $m = 0.95$ 时，$I = 0.95 \times 3 = 2.85$（A）时可靠不动作；当 $m = 1.2$ 时，$I = 1.2 \times 3 = 3.6$（A）时测动作时间。 （2）低电压闭锁定值定值。 当 $m = 1.05$ 时，$U = 1.05 \times 70/\sqrt{3} = 42.4$（V），可靠不动作；当 $m = 0.95$ 时，$U = 0.95 \times 70/\sqrt{3} = 38.4$，可靠动作。 负序电压闭锁定值 $U = U_m - 3mU_{set}$ 当 $m = 1.05$ 时，$U = 57.74 - 3 \times 1.05 \times 7 = 35.69$（V），可靠动作； 当 $m = 0.95$ 时，$U = 57.74 - 3 \times 0.95 \times 7 = 37.79$（V），可靠不动作
注意事项	TV 断线时闭锁该保护

续表

试验项目	高压侧复压闭锁方向过流保护校验		
	状态 1 参数设置（故障前状态）		
$m=0.95$ 时复压闭锁过流定值试验仪器设置	$\dot{U}_A$: 57.74∠0°V $\dot{U}_B$: 57.74∠−120°V $\dot{U}_C$: 57.74∠120°V	$\dot{I}_A$: 0∠0°A $\dot{I}_B$: 0∠−120°A $\dot{I}_C$: 0∠120°A	状态触发条件：时间控制为 12s
	状态 2 参数设置（故障状态）		
	$\dot{U}_A$: 0∠0°V $\dot{U}_B$: 57.74∠−120°V $\dot{U}_C$: 57.74∠120°V	$\dot{I}_A$: 2.85∠0°A $\dot{I}_B$: 0∠−120°A $\dot{I}_C$: 0∠120°A	状态触发条件：时间控制为 3s
	装置报文	无	
	装置指示灯	无	
$m=1.05$ 时复压闭锁过流定值试验仪器设置	状态 1 参数设置（故障前状态）		
	$\dot{U}_A$: 57.74∠0°V $\dot{U}_B$: 57.74∠−120°V $\dot{U}_C$: 57.74∠120°V	$\dot{I}_A$: 0∠0°A $\dot{I}_B$: 0∠−120°A $\dot{I}_C$: 0∠120°A	状态触发条件：时间控制为 12s
	状态 2 参数设置（故障状态）		
	$\dot{U}_A$: 0∠0°V $\dot{U}_B$: 57.74∠−120°V $\dot{U}_C$: 57.74∠120°V	$\dot{I}_A$: 3.15∠0°A $\dot{I}_B$: 0∠−120°A $\dot{I}_C$: 0∠120°A	状态触发条件：时间控制为 3s
	装置报文	(1) 0ms 保护启动。 (2) 2005ms 高压侧复压过流动作	
	装置指示灯	跳闸	
$m=0.95$ 时低电压闭锁定值试验仪器设置	状态 1 参数设置（故障前状态）		
	$\dot{U}_A$: 57.74∠0°V $\dot{U}_B$: 57.74∠−120°V $\dot{U}_C$: 57.74∠120°V	$\dot{I}_A$: 0∠0°A $\dot{I}_B$: 0∠−120°A $\dot{I}_C$: 0∠120°A	状态触发条件：时间控制为 12s
	状态 2 参数设置（故障状态）		
	$\dot{U}_A$: 38.4∠0°V $\dot{U}_B$: 38.4∠−120°V $\dot{U}_C$: 38.4∠120°V	$\dot{I}_A$: 3.6∠0°A $\dot{I}_B$: 0∠−120°A $\dot{I}_C$: 0∠120°A	状态触发条件：时间控制为 3s
	装置报文	(1) 0ms 保护启动。 (2) 2005ms 高压侧复压过流动作	
	装置指示灯	跳闸	

试验项目	高压侧复压闭锁方向过流保护校验		
	状态 1 参数设置（故障前状态）		
$m=1.05$ 时低电压闭锁定值试验仪器设置	$\dot{U}_A$: 57.74∠0°V $\dot{U}_B$: 57.74∠−120°V $\dot{U}_C$: 57.74∠120°V	$\dot{I}_A$: 0∠0°A $\dot{I}_B$: 0∠−120°A $\dot{I}_C$: 0∠120°A	状态触发条件： 时间控制为 12s
	状态 2 参数设置（故障状态）		
	$\dot{U}_A$: 42.4∠0°V $\dot{U}_B$: 42.4∠−120°V $\dot{U}_C$: 42.4∠120°V	$\dot{I}_A$: 3.6∠0°A $\dot{I}_B$: 0∠−120°A $\dot{I}_C$: 0∠120°A	状态触发条件： 时间控制为 3s
	装置报文	无	
	装置指示灯	无	
$m=1.05$ 时负序电压闭锁定值试验仪器设置	状态 1 参数设置（故障前状态）		
	$\dot{U}_A$: 57.74∠0°V $\dot{U}_B$: 57.74∠−120°V $\dot{U}_C$: 57.74∠120°V	$\dot{I}_A$: 0∠0°A $\dot{I}_B$: 0∠−120°A $\dot{I}_C$: 0∠120°A	状态触发条件： 时间控制为 12s
	状态 2 参数设置（故障状态）		
	$\dot{U}_A$: 35.69∠0°V $\dot{U}_B$: 57.74∠−120°V $\dot{U}_C$: 57.74∠120°V	$\dot{I}_A$: 3.6∠0°A $\dot{I}_B$: 0∠−120°A $\dot{I}_C$: 0∠120°A	状态触发条件： 时间控制为 3s
	装置报文	（1）0ms 保护启动。 （2）2005ms 高压侧复压过流动作	
	装置指示灯	跳闸	
$m=0.95$ 时负序电压闭锁定值试验仪器设置（采用状态序列模式）	状态 1 参数设置（故障前状态）		
	$\dot{U}_A$: 57.74∠0°V $\dot{U}_B$: 57.74∠−120°V $\dot{U}_C$: 57.74∠120°V	$\dot{I}_A$: 0∠0°A $\dot{I}_B$: 0∠−120°A $\dot{I}_C$: 0∠120°A	状态触发条件： 时间控制为 12s
	状态 2 参数设置（故障状态）		
	$\dot{U}_A$: 37.79∠0°V $\dot{U}_B$: 57.74∠−120°V $\dot{U}_C$: 57.74∠120°V	$\dot{I}_A$: 3.6∠0°A $\dot{I}_B$: 0∠−120°A $\dot{I}_C$: 0∠120°A	状态触发条件： 时间控制为 3s
	装置报文	无	
	装置指示灯	无	

（2）高压侧零序方向过流保护校验见表 3 - 6。

表 3 - 6　　　　　　　　　　　　高压侧零序方向过流保护校验

试验项目	高压侧零序方向过流保护校验		
相关定值	零序过流Ⅰ段定值：5A；零序过流Ⅰ段时间：0.3s；零序过流Ⅱ段定值：2.8A；零序过流Ⅱ段时间：2s		
试验条件	（1）功能软压板设置：投入"高压侧后备保护"软压板；投入"高压侧电压"软压板；退出"中压侧电压"软压板；退出"低压侧电压"软压板。 （2）控制字设置：投入高压侧相应段"零序过流"置"1"。		
计算方法	（1）零序过流Ⅰ段值定值 $I=mI_{定值}$ 。 当 $m=1.05$ 时，$I=1.05\times5=5.25$（A），可靠动作；当 $m=0.95$ 时，$I=0.95\times5=4.75$（A），可靠不动作；当 $m=1.2$ 时，$I=1.2\times5=6$（A），测量动作时间。 （2）零序过流Ⅱ段定值定值 $I=mI_{定值}$ 。 当 $m=1.05$ 时，$I=1.05\times2.8=2.94$（A），可靠动作；当 $m=0.95$ 时，$I=0.95\times2.8=2.66$（A），可靠不动作；当 $m=1.2$ 时，$I=1.2\times2.8=3.36$（A），测量动作时间		
说明	零序过流Ⅰ段、Ⅱ段经方向闭锁，方向可选择指向本侧母线闭锁或者指向主变闭锁		
$m=1.05$ 时零序过电流Ⅰ段定值试验仪器设置	状态 1 参数设置（故障前状态）		
	$\dot{U}_A$：57.74∠0°V $\dot{U}_B$：57.74∠−120°V $\dot{U}_C$：57.74∠120°V	$\dot{I}_A$：0∠0°A $\dot{I}_B$：0∠−120°A $\dot{I}_C$：0∠120°A	状态触发条件： 时间控制为 12s
	状态 2 参数设置（故障状态）		
	$\dot{U}_A$：0∠0°V $\dot{U}_B$：57.74∠−120°V $\dot{U}_C$：57.74∠120°V	$\dot{I}_A$：5.25∠105°A $\dot{I}_B$：0∠−120°A $\dot{I}_C$：0∠120°A	状态触发条件： 时间控制为 0.35s
	装置报文	（1）0ms 保护启动。 （2）307ms 高压侧零序过流Ⅰ段动作	
	装置指示灯	跳闸	
$m=0.95$ 时零序过流Ⅰ段定值试验仪器设置（采用状态序列模式）	状态 1 参数设置（故障前状态）		
	$\dot{U}_A$：57.74∠0°V $\dot{U}_B$：57.74∠−120°V $\dot{U}_C$：57.74∠120°V	$\dot{I}_A$：0∠0°A $\dot{I}_B$：0∠−120°A $\dot{I}_C$：0∠120°A	状态触发条件： 时间控制为 12s
	状态 2 参数设置（故障状态）		
	$\dot{U}_A$：0∠0°V $\dot{U}_B$：57.74∠−120°V $\dot{U}_C$：57.74∠120°V	$\dot{I}_A$：4.75∠105°A $\dot{I}_B$：0∠−120°A $\dot{I}_C$：0∠120°A	状态触发条件： 时间控制为 0.35s
	装置报文	无	
	装置指示灯	无	

试验项目	高压侧零序方向过流保护校验		
动作区	状态 1 参数设置（故障前状态）		
	$\dot{U}_A$: 57.74∠0°V $\dot{U}_B$: 57.74∠−120°V $\dot{U}_C$: 57.74∠120°V	$\dot{I}_A$: 0∠0°A $\dot{I}_B$: 0∠−120°A $\dot{I}_C$: 0∠120°A	状态触发条件： 时间控制为 12s
	状态 2 参数设置（故障状态）		
	$\dot{U}_A$: 0∠0°V $\dot{U}_B$: 57.74∠−120°V $\dot{U}_C$: 57.74∠120°V	$\dot{I}_A$: 5.25∠15°A $\dot{I}_B$: 0∠−120°A $\dot{I}_C$: 0∠120°A	状态触发条件： 时间控制为 0.35s
	说明	改变 A 相电流的角度，动作角度为 15°~165°，方向指向主变	

（3）高压侧失灵联跳保护校验见表 3−7。

表 3−7 　　　　　　　　　　　　　高压侧失灵联跳保护校验

试验项目	高压侧失灵联跳保护校验		
相关定值	无		
试验条件	（1）功能软压板设置：投入"高压侧后备保护"软压板；投入"高压侧电压"软压板；投入"高压侧失灵联跳"GOOSE 开入软压板；退出"中压侧电压"软压板；退出"低压侧电压"软压板。 （2）控制字设置："高压侧失灵经主变调整"定值字置"1"		
计算方法	无		
注意事项	本侧相电流大于 $1.1I_n$，或零序电流大于 $0.1I_n$，或负序电流大于 $0.1I_n$		
失灵联跳保护仪器设置（采用状态序列模式）	状态 1 参数设置（故障前状态）		
	$\dot{U}_A$: 57.74∠0°V $\dot{U}_B$: 57.74∠−120°V $\dot{U}_C$: 57.74∠120°V	$\dot{I}_A$: 0∠0°A $\dot{I}_B$: 0∠−120°A $\dot{I}_C$: 0∠120°A	状态触发条件： 开出量为断开； 时间控制为 1s
	状态 2 参数设置（故障状态）		
	$\dot{U}_A$: 57.74∠0°V $\dot{U}_B$: 57.74∠−120°V $\dot{U}_C$: 57.74∠120°V	$\dot{I}_A$: 0.5∠−80°A $\dot{I}_B$: 0∠0°A $\dot{I}_C$: 0∠0°A	状态触发条件： 模拟母差发失灵联跳 GOOSE 开出量为"1"； 时间控制为 0.1s
	装置报文	53ms 高压侧失灵联跳动作	
	装置指示灯	无	

3. 中压侧后备保护检验

（1）中压侧复压闭锁过流保护校验（试验方法同高压侧复压闭锁过流保护校验）。

（2）中压侧零序方向过流保护校验（试验方法同高压侧零序方向过流保护校验）。

4. 低压侧后备保护检验

(1) 低压侧开关复压闭锁过流保护校验见表 3-8。

表 3-8　　　　　　　　　　低压侧开关复压闭锁过流保护校验

试验项目	低压侧开关复压闭锁过流保护校验		
相关定值	复压过流定值：$2.8I_e$；低电压闭锁定值：70V；负序电压闭锁定值（相电压）：4V（固定）；复压闭锁过流第 1 时限：2.5s；复压闭锁过流过 2 时限：5s		
试验条件	(1) 功能软压板设置：投入"低压侧后备保护"软压板；投入"低压侧电压"软压板。 (2) 控制字设置：低压侧相应段"复压过流×段×时限"控制字置"1"。		
计算方法	复压闭锁过流定值定值。 当 $m=1.05$ 时，$I=1.05×2.8×1.002=2.95$（A），可靠动作； 当 $m=0.95$ 时，$I=0.95×2.8×1.002=2.67$（A），可靠不动作； 当 $m=1.2$ 时，$I=1.2×2.8×1.002=3.37$（A），测量动作时间		
注意事项	—		
$m=0.95$ 时 复压闭锁过 流定值试验 仪器设置 （采用状态 序列模式）	状态 1 参数设置（故障前状态，以低压侧 A 相为例)		
	$\dot{U}_A$：$57.74\angle0°$V $\dot{U}_B$：$57.74\angle-120°$V $\dot{U}_C$：$57.74\angle120°$V	$\dot{I}_A$：$0\angle0°$A $\dot{I}_B$：$0\angle-120°$A $\dot{I}_C$：$0\angle120°$A	状态触发条件： 时间控制为 5s
	状态 2 参数设置（故障状态，以低压侧 A 相为例)		
	$\dot{U}_A$：$0\angle0°$V $\dot{U}_B$：$57.74\angle-120°$V $\dot{U}_C$：$57.74\angle120°$V	$\dot{I}_A$：$2.67\angle0°$A $\dot{I}_B$：$0\angle-120°$A $\dot{I}_C$：$0\angle120°$A	状态触发条件： 时间控制为 5.5s
	装置报文	无	
	装置指示灯	无	
$m=1.05$ 时 复压闭锁过 流定值试 验仪器设置 （采用状态 序列模式）	状态 1 参数设置（故障前状态)		
	$\dot{U}_A$：$57.74\angle0°$V $\dot{U}_B$：$57.74\angle-120°$V $\dot{U}_C$：$57.74\angle120°$V	$\dot{I}_A$：$0\angle0°$A $\dot{I}_B$：$0\angle-120°$A $\dot{I}_C$：$0\angle120°$A	状态触发条件： 时间控制为 3s
	状态 2 参数设置（故障状态)		
	$\dot{U}_A$：$0\angle0°$V $\dot{U}_B$：$57.74\angle-120°$V $\dot{U}_C$：$57.74\angle120°$V	$\dot{I}_A$：$2.95\angle0°$A $\dot{I}_B$：$0\angle-120°$A $\dot{I}_C$：$0\angle120°$A	状态触发条件： 时间控制为 2.6s
	装置报文	(1) 0ms 保护启动。 (2) 2502ms 低压开关复压过流第 1 时限动作	
	装置指示灯	跳闸	

5. 区外故障主变压器平衡

区外故障两侧纵差平衡校验见表3-9。

表 3-9　　　　　　　　　　区外故障两侧纵差平衡校验

试验项目	区外故障两侧纵差平衡校验（以低压侧区外 BC 故障为例）	
相关定值	低压侧区外 BC 相间故障	
试验条件	(1) 功能软压板设置：投入主保护及后备保护功能软压板。 (2) 控制字设置：模拟正常运行控制字投入，主变主保护及后备保护投入。 (3) SV 接收软压板设置：投入高、低两侧的 SV 接收软压板。	
计算方法	假设低压侧区外短路电流为 $I_k = I_b = I_c = 1000A$，各侧二次额定电流见纵差保护校验。 高压侧电流（n 为高压侧 TA 变比） $$I_A = I_B = \frac{I_k}{\sqrt{3}K_n} = \frac{1000}{\sqrt{3} \times 230 \div 37.5 \times 1600} = 0.057 \ (A)$$ $$I_C = 2I_A = 0.116 \ (A)$$ 低压侧电流（低压侧 TA 变比为 2500：1） $$I_b = I_c = \frac{1000}{2500} = 0.4 \ (A)$$	
注意事项	凯默模拟保护装置第一组、第二组变量依次为高低两侧映射关系	
仪器设置 （采用手动模式）	参数设置	
	$\dot{I}_{A1}$：0.057∠180°A	$\dot{I}_{A2}$：0.0∠180°A
	$\dot{I}_{B1}$：0.057∠180°A	$\dot{I}_{B2}$：0.4∠0°A
	$\dot{I}_{C1}$：0.116∠0°A	$\dot{I}_{C2}$：0.4∠180°A
	装置报文	无
	装置指示灯	无

3.3.3　实操案例

实操中保护装置中一般会设置一些故障点（如 SCD 虚端子接线错、定值误整定等），通过掌握核对定值、装置采样、开入检查、开出检查、逻辑校验及整组传动校验等手段，可熟悉保护装置及二次回路，掌握故障分析及排查技巧。

PCS-978 保护装置的一个实操项目的故障类型及故障点，见表3-10，试验项目及要求见表3-11。

表 3-10　　　　　　　　　　故障类型及故障点

故障类型	故 障 点
定值	高压侧 TA 变比设为 1600/5
SV 采样	主变保护接收高压侧合并单元 SV 的 A1、B1 相电流拉反
GOOSE 回路	高压侧智能终端收保护跳闸连至遥控跳闸
开入量	主变保护检修压板开入一直为"1"

表 3－11　　　　　　　　　　　　　　　　试验项目及要求

序号	操作项目	要　　求	分值
1	SCD 制作	完成一个 220kV 主变间隔的完整的 SCD 制作,其中与母线保护的启失灵及失灵连跳功能不需要完成	10
2	安措	工作前及工作后安全措施合理、全面、正确	3
3	试验 1	校验纵联差动保护比率制动特性的斜率。 要求: (1) 分别校验制动电流为 $1.2I_e$ 和 $2I_e$ 时动作电流值。 (2) 计算比率制动特性曲线的斜率。 (3) 要求故障电流加在高、低侧,低压侧用 B 相,所加电流高压侧大于低压侧电流	19
4	试验 2	高压侧复压闭锁方向过流Ⅰ段第 1 时限保护校验,整组传动到开关。 要求: (1) 模拟高压侧 A 相接地短路故障。 (2) 校验高压侧复压闭锁定值及过流定值。 (3) 校验保护动作范围。 (4) 带开关正确传动	17
5		故障点排除及故障分析报告(共 4 个故障点)	39
6		试验结束后的现场恢复	2
7	试验报告		10

具体试验及故障分析排查如下。

1. 执行安全措施

(1) 记录原始状态(定值区号、压板、把手及空开位置等)。

(2) 断开 TV 回路。

(3) 短接并划开 TA。

(4) 退出 GOOSE 启失灵软压板。

(5) 投入该 220kV 主变保护、各侧合并单元、智能终端的检修压板。

(6) 直流回路工作时应做好安全措施。

2. 核对定值单

检查定值发现高压侧 TA 变比与定值单不符(原为 1600/1),影响主变额定电流计算,将定值恢复,重新核对。

3. 采样值的幅值、相位特性检查

(1) 试验方法。使用凯默模拟保护装置导入制作好的 SCD 文件,设置相关 SV 参数变量,将高、中、低三侧分别进行映射后对保护装置进行加量采样。

(2) 故障现象。高压侧电流采样不正确,装置报警。进一步观察发现装置高压侧 I_{A1} 与 I_{B1} 电流数值反,推测出主变保护接收高压侧合并单元 SV 的 A1、B1 相电流拉反,通过 SCD 软件检查虚端子配置即可发现故障点。

4. 开入量检查

逐一投入压板,检查装置开入,开入定义见表 3－12。发现装置检修硬压板开入一直为 1，检查开入端子电位为 1，进一步检查发现压板后背板有短接铜丝，拆除铜丝后接线后开入检查正确。

表 3-12 端子号列表

端子号	开入信号	定义
02	开入 02	打印
03	开入 03	投检修态
04	开入 04	信号复归
05	开入 05	高压侧电压硬压板
06	开入 06	中压侧电压硬压板
07	开入 07	低压 1 侧电压硬压板
08	开入 08	低压 2 侧电压硬压板
09	开入 09	主保护硬压板
10	开入 10	高压侧后备保护硬压板
11	开入 11	中压侧后备保护硬压板
12	开入 12	低压侧 1 分支后备保护硬压板
13		未使用
14	OPT+	开入电源正
15	OPT-	开入电源负

5. 定值校验及整组传动

（1）试验方法。

1）试验一：投主保护软压板、投纵差保护控制字、退出后备保护，高压侧 TA 电流 BC 相，低压侧 TA 电流加 B 相，角度正确，制动电流为 $1.2I_e$ 时测试正确，$I_1=2.631A$，低压侧 $I_2=3A$；制动电流为 $2I_e$ 时测试正确，$I_1=4.198A$，低压侧 $I_2=5.50A$；通过两次差流及制动电流实际值，斜率计算正确。

2）试验二：投入高压侧电压软压板、投入高压侧后备保护软压板，首先进行复压闭锁过流定值校验，其次校验低电压闭锁定值，再校验边界动作范围，最后进行开关传动试验。

（2）故障现象。

1）高压侧智能终端跳闸灯不亮，开关分闸。

2）中低压侧智能终端跳闸灯亮开关传动正确。

（3）分析排查。

1）第一步：检查保护跳闸出口报文"高压侧复压闭锁过流Ⅰ段第 1 时限保护跳闸"，保护正确动作。

2）第二步：检查保护出口跳闸矩阵与定值单核对正确无误。

3）第三步：用凯默模拟保护装置对智能终端发保护跳闸命令，发现开关手分，怀疑保护跳闸关联至智能终端的遥控跳闸。

4）第四步：检查 SCD 虚端子回路，发现智能终端保护跳闸连至遥控跳闸，如图 3 - 11 所示，排查结束，正确关联如图 3 - 12 所示。

图 3 - 11　错误关联图

图 3 - 12　正确关联图

第4篇

母线差动部分

第 4 章

母线保护设计规范

4.1 配置要求

4.1.1 3/2 断路器接线

4.1.1.1 母线保护配置

每段母线应配置两套母线保护，每套母线保护应具有边断路器失灵经母线保护跳闸功能。

【释义】

a. 边断路器失灵保护动作后，应跳开与该边断路器相连母线的全部断路器。为简化二次回路，可通过母线保护的跳闸回路实现。所以，每套母线保护应具有边断路器失灵经母线保护跳闸功能。

b. 遵循"可能导致多个断路器同时跳闸的开入均应增加软件防误功能"的基本原则，边断路器失灵动作后应采用单触点开入母线保护（各支路共用），该开入经母线保护的软件防误逻辑确认后跳本母线所有断路器。

4.1.1.2 功能配置表

3/2 断路器接线母线保护功能配置表，见表 4-1。

表 4-1　　　　　　　　3/2 断路器接线母线保护功能配置表

类别	序号	功能描述	段数及时限	说明	备注
	1	差动保护			
	2	失灵经母线差动跳闸			
	3	TA 断线判别功能			
类别	序号	基础型号	代码		
	4	3/2 断路器接线母线保护	C		

【释义】

3/2 断路器接线的母线保护配置相对简单，没有与母联（分段）相关的保护，如失灵、死区、充电过流功能等。

4.1.1.3　模拟量输入

1. 常规变电站交流回路

常规变电站交流回路为各支路交流电流 I_a、I_b、I_c。

【释义】

常规变电站交流回路也适用于常规电缆采样 GOOSE 跳闸保护装置的交流回路。

2. 智能变电站 SV 交流回路

智能变电站 SV 交流回路为各支路交流电流 I_{a1}、I_{a2}、I_{b1}、I_{b2}、I_{c1}、I_{c2}。

注：智能变电站为双 A/D 采样输入。

4.1.1.4　开关量输入

1. 常规变电站开关量输入

（1）差动保护投/退。

（2）失灵经母线差动跳闸投/退。

（3）边断路器失灵联跳开入。

（4）远方操作投/退。

（5）保护检修状态投/退。

（6）信号复归。

（7）启动打印（可选）。

2. 智能变电站 GOOSE 输入

各支路边断路器失灵联跳开入。

3. 智能变电站开关量输入

（1）远方操作投/退。

（2）保护检修状态投/退。

（3）信号复归。

（4）启动打印（可选）。

4.1.1.5　开关量输出

1. 常规变电站保护跳闸出口

（1）跳闸出口（每个支路 1 组）。

（2）启动边断路器失灵（每个支路 1 组）。

注：启动边断路器失灵适用于保护不经操作箱跳闸方案。

2. 常规变电站信号触点输出

（1）差动动作信号（3 组：1 组保持，2 组不保持）。

（2）失灵经母线保护跳闸信号（3 组：1 组保持，2 组不保持）。

（3）TA 断线告警（至少 1 组不保持）。

（4）运行异常（至少 1 组不保持）。

（5）装置故障告警（至少 1 组不保持）。

注：TA 断线告警段和闭锁段告警报文应分开。

3. 智能变电站保护 GOOSE 跳闸出口

跳闸出口（每个支路 1 组）。

4. 智能变电站 GOOSE 信号输出

(1) 差动动作信号（1组）。

(2) 失灵经母线保护跳闸信号（1组）。

5. 智能变电站信号触点输出

(1) 运行异常（含 TA 断线，至少 1 组不保持）。

(2) 装置故障告警（至少 1 组不保持）。

4.1.2 双母线接线

4.1.2.1 母线保护配置要求

配置两套含失灵保护功能的母线保护，每套线路保护及变压器保护各启动 1 套失灵保护。

【释义】

a. GB/T 14285—2006《继电保护和安全自动装置技术规程》的第 4.8.1 b）条中要求"对双母线、双母线分段等接线，为防止母线保护因检修退出失去保护，母线发生故障会危及系统稳定和使事故扩大时，宜装设两套母线保护"。

母线差动失灵一体化的母线保护双重化配置，两套保护的每套均动作于 1 组断路器跳闸线圈。每套所含的母线差动保护和失灵保护功能可分别停用，两套失灵保护均投入运行。

b. 失灵保护双重化配置后，线路、变压器保护与失灵保护采用"一对一"启动方式，可简化失灵启动回路，提高失灵保护的可靠性。2005 年前母线差动保护、变压器保护与具有双跳圈的开关采用"一对二"方式，原因是母线故障对系统稳定危害较大，宜确保母线故障时可靠跳开，对于变压器，则是因为一旦在故障时拒动，恢复运行较为困难；而双重化配置的线路保护与具有双跳圈的开关采用"一对一"方式。为防止出现单套保护检修，另一套出现跳闸回路断线的情况，失灵保护跳闸采用"一对二"方式，利用失灵保护瞬时跟跳故障相的方式跳另一组跳闸线圈。在制定《国家电网公司十八项电网重大反事故措施（试行）》时，现场运行希望能够将双重化保护之间的连线简化，以防在检修、消除缺陷时因安全措施考虑不周造成误动。据此，后将所有保护与失灵保护之间、保护与开关跳闸线圈之间的联系均定为"一对一"方式。

c. 历年的《继电保护与安全自动装置运行情况统计分析》表明失灵保护的正确动作率虽然逐步提高，但相对线路保护和元件保护还是偏低；而对于双重化配置的保护，由于跳闸回路异常导致失灵保护拒动的情况很少发生，因此，失灵保护应重点防止其误动作。以往双母线接线的母线差动保护往往只投入一套失灵保护，失灵保护双套配置、双套投入运行，主要基于以下原因：

a）采取很多有效措施，防止失灵保护误动作。

b）失灵保护双套投入运行，不仅简化了启动失灵回路，而且增加了失灵运行的灵活性。

c）随着电网规模的不断扩大、系统网架结构的不断加强，失灵保护误动作对电网的影响，与断路器拒动对电网的影响同样严重。

4.1.2.2　功能配置表

双母线接线（含双母双分段接线、双母单分段接线）母线保护功能配置表，见表 4 - 2。

表 4 - 2　双母线接线（含双母双分段接线、双母单分段接线）母线保护功能配置表

类别	序号	功 能 描 述	段数及时限	备 注
	1	差动保护		
	2	失灵保护		
	3	母联（分段）失灵保护		
	4	TA 断线判别功能		
	5	TV 断线判别功能		
类别	序号	基 础 型 号	代码	
	6	双母线接线母线保护 双母双分段接线母线保护	A	
	7	双母单分段母线保护	D	
类别	序号	选 配 功 能	代码	
	8	母联（分段）充电过流保护	M	功能同独立的母联（分段）过流保护
	9	母联（分段）非全相保护	P	功能同线路保护的非全相保护
	10	线路失灵解除电压闭锁	X	

【释义】

a. 母联（分段）充电过流保护。集成在母线保护装置中的充电过流保护主要用于改造站，但不推荐使用。原因是当母线保护检修带负荷校验时将无法处理，因为此时需要投入母联充电保护，但又需要母线差动保护退出运行，存在安全隐患。

b. 线路失灵解除电压闭锁。由于西北地区线路较长，为了解决线路支路失灵时，电压闭锁元件灵敏度不足的问题，应独立设置解除电压闭锁的开入回路，母线保护只有同时收到失灵启动和解除电压闭锁的两个开入，才确认线路保护的失灵启动和解除电压闭锁有效，从而提高了失灵启动回路的可靠性。但对于大部分无长线路的地区，不需要此功能，所以将"线路失灵解除电压闭锁"设置为选配功能。

当选配"线路失灵解除电压闭锁"功能时，对于不同情况，有以下不同实现方式：

a）常规变电站母线保护。通过增加需要解除电压闭锁的"线路支路解除失灵保护电压闭锁开入"实现，此开入为线路各支路共用。

b）智能变电站母线保护。通过投退相关线路的"支路 n 解除复压闭锁"控制字实现（此控制字按线路支路一对一设置），n 为支路序号。

c. 双母线接线母线保护、双母双分段接线母线保护为同一基础型号"A"，双母单分段母线保护为单独的基础型号"D"。

4.1.2.3　模拟量输入

1. 常规变电站交流回路

（1）各支路交流电流 I_a、I_b、I_c。

（2）Ⅰ段母线交流电压 U_{a1}、U_{b1}、U_{c1}。

（3）Ⅱ段母线交流电压 U_{a2}、U_{b2}、U_{c2}。

注：对于双母线单分段接线，需增加Ⅲ段母线交流电压 U_{a3}、U_{b3}、U_{c3}。

【释义】

a. 对于常规变电站双母线接线母线保护，支路电流接入顺序，见 4.1.2.6～4.1.2.8。

b. 智能化装置（常规采样）的交流回路同常规变电站交流回路。

2. 智能变电站 SV 模拟量输入

（1）各支路交流电流 I_{a1}、I_{a2}、I_{b1}、I_{b2}、I_{c1}、I_{c2}。

（2）Ⅰ段母线交流电压 U_{a11}、U_{a12}、U_{b11}、U_{b12}、U_{c11}，U_{c12}。

（3）Ⅱ段母线交流电压 U_{a21}、U_{a22}、U_{b21}、U_{b22}、U_{c21}，U_{c22}。

注：对于双母线单分段接线母线保护，需增加Ⅲ段母线交流电压 U_{a31}、U_{a32}、U_{b31}、U_{b32}、U_{c31}、U_{c32}；智能变电站为双 A/D 采样输入。

4.1.2.4 开关量输入

1. 常规变电站开关量输入

（1）差动保护投/退。

（2）失灵保护投/退。

【释义】

2008 年 8 月 20—22 日在北京召开的标准化规范实施技术原则审查会明确要求：双母线接线的母线保护增加"失灵保护投/退"硬压板。主要原因是满足部分地区差动保护双套配置、失灵保护仅投其中一套的运行要求。

（3）母联充电过流保护投/退，Ⅰ段充电过流保护投/退，Ⅱ段充电过流保护投/退。

（4）母联非全相保护投/退，Ⅰ段非全相保护投/退，Ⅱ段非全相保护投/退。

（5）母线互联投/退。

【释义】

倒闸操作时，当将母联直流控制空气开关取下后，应该立即投入"母线互联压板"，以确保在倒闸操作的过程中，一旦任何一条母线发生故障，均瞬时跳两条母线。

（6）母联三相跳闸位置串联。

【释义】

母联跳闸位置是反映母联断路器运行状态的开入量，用于母联死区和失灵保护、分列运行等重要保护的逻辑判别，只能采用三相跳位串联开入，不能采用三相跳位并联开入的方式。例如，对于分相操作的母联断路器而言，手动跳闸不能三相全部跳开的可能性也存在，如采用跳位并联开入的方式，分列运行的逻辑将会封母联 TA，可能导致母联断路器未断开相的母线保护误动作。

（7）Ⅰ段、Ⅱ段三相跳闸位置串联。

【释义】

同第（6）条

（8）母联分列运行开入。

（9）Ⅰ段分列运行开入、Ⅱ段分列运行开入。

【补充要求】

常规变电站装置增加"母联（分段）分列"软压板，取消"母联（分段）分列"硬压板。

【释义】

关于分列运行的判断如下：

a. 标准规定。分列运行压板和母联（分段）断路器"跳闸位置"开入，两个都为 1 时，判为分列运行，封 TA（即母联、分段 TA 电流不接入差动保护，不参加差动计算）；若任一开入为 0，则母联、分段 TA 接入。

b. 关于是否可以用断路器双位置相互效验来判断是否为分列状态和代替分列压板，标准不采纳，原因是都是重动触点不能完全体现原始状态。

c. 补充要求释义：母线倒闸远方操作时，若装置仅有硬压板无软压板，无法执行远方操作。

（10）母联手动合闸继电器（SHJ）开入。

（11）Ⅰ段 SHJ 开入、Ⅱ段 SHJ 开入。

（12）母联三相跳闸启动失灵开入。

【释义】

双母接线型式的母联失灵启动开入，用于独立配置的母联充电过流保护启动母联失灵保护，采用母联保护屏（柜）内操作箱 TJR 触点启动失灵。

（13）Ⅰ段三相跳闸启动失灵开入、Ⅱ段三相跳闸启动失灵开入。

【释义】

双母双分段接线方式的分段失灵启动开入，用于独立配置的分段充电过流保护和分段另外一侧的母线差动保护动作启动分段失灵保护，采用分段保护屏（柜）内操作箱 TJR 触点启动失灵保护或分段保护与母线差动保护动作触点并联启动方式。

（14）母联非全相开入。

（15）Ⅰ段非全相开入，Ⅱ段非全相开入。

（16）变压器支路解除失灵保护电压闭锁（按支路设置）。

（17）各支路隔离开关位置开入。

（18）线路支路分相和三相跳闸启动失灵开入。

【释义】

a. 线路保护启动失灵时应接入分相启动失灵开入。

b. 当线路有高压电抗器、过电压及远方跳闸等保护需要三跳启动失灵时，应通过操作箱内 TJR 接入三跳启动失灵开入。

（19）变压器支路三相跳闸启动失灵开入。

【释义】

a. 变压器保护采用三相跳闸方式，所以只设三相跳闸开入。

b. 母线故障差动保护动作时，应采用母线保护内部启动失灵方案，不采用母线保护跳闸触点再开入变压器支路三相跳闸启动失灵开入。2008 年 8 月 20—22 日在北京召开的标准化规范实施技术原则审查会明确要求：对于双母线接线母线差动保护动作后启动主变断路器失灵功能，采用内部逻辑实现，不采用母线差动保护动作触点开入母线保护启动主变断路器失灵，该内部逻辑受"失灵保护投/退"控制。

（20）远方操作投/退。

（21）保护检修状态投/退。

（22）信号复归。

（23）启动打印（可选）。

注：1）对于双母线接线，无第（7）、（9）、（11）、（13）项。

2）对于母联和分段支路，无第（15）项。

3）对于双母单分段接线，第（5）项为"母联 1 互联投/退、分段互联投/退、母联 2 互联投/退"。

4）对于双母单分段接线，第（6）～（15）项描述对象为"母联 1""分段""母联 2"。

5）当线路支路也需要解除失灵保护电压闭锁时，常规变电站母线保护可增加需要解除电压闭锁的线路各支路共用的"线路支路解除失灵保护电压闭锁开入"。

【释义】

2008 年 8 月 20—22 日在北京召开的标准化规范实施技术原则审查会规定：对于部分地区（主要是西北地区）双母线接线母线保护的线路支路也需要解除失灵保护电压闭锁的情况，可增加需要解除电压闭锁的线路各支路共用的"线路解除复压闭锁"开入。

2. 智能变电站 GOOSE 输入

（1）母联分相断路器位置：三相断路器位置。

（2）Ⅰ段、Ⅱ段分相断路器位置：三相断路器位置。

【释义】

智能终端提供原始断路器位置信息，由母线保护根据需求形成母联断路器位置及非全相开入。

（3）母联 SHJ 开入。

（4）Ⅰ段 SHJ 开入、Ⅱ段 SHJ 开入。

（5）母联三相跳闸启动失灵开入。

(6) Ⅰ段三相跳闸启动失灵开入、Ⅱ段三相跳闸启动失灵开入。

【释义】

Ⅰ段三相跳闸启动失灵开入虚端子不少于 2 个，一个接收对侧母线保护的启动失灵开入，一个接收分段保护的启动失灵开入；Ⅱ段三相跳闸启动失灵开入虚端子数量同Ⅰ段。

(7) 各支路隔离开关位置开入。

(8) 线路支路分相和三相跳闸启动失灵开入。

(9) 变压器支路三相跳闸启动失灵开入。

注：1) 对于双母线接线，无第 (2)、(4)、(6) 项。

　　2) 对于母联和分段支路，无第 (7) 项。

　　3) 对于双母单分段接线，第 (1)~(6) 项描述对象为"母联 1""分段""母联 2"。

　　4) 当线路支路也需要解除失灵保护电压闭锁时，智能变电站母线保护可选配"线路失灵解除电压闭锁"功能，通过投退相关各线路支路的线路解除复压闭锁控制字实现。

3. 智能变电站开关量输入

(1) 远方操作投/退。

(2) 保护检修状态投/退。

(3) 信号复归。

(4) 启动打印（可选）。

4.1.2.5　开关量输出

1. 常规变电站保护跳闸出口

(1) 跳闸出口（每个支路 2 组）。

【释义】

双重化配置的两套母线保护，各支路 2 组跳闸开出，线路、变压器支路的一组触点用于跳闸，另一组出口触点备用。

(2) 启动分段 1 失灵（1 组）。

【释义】

双母双分段接线型式，母线保护动作跳分段时，应启动分段断路器另一侧母线保护内的分段失灵保护。

(3) 启动分段 2 失灵（1 组）。

(4) 失灵联跳变压器（每个变压器支路 1 组）。

【释义】

此出口用于母线故障时，母线保护动作跳闸，由母线保护判别变压器断路器失灵后，向变压器保护输出失灵联跳触点；变压器保护收到该开入，经软件防误逻辑识别后，跳各侧断路器或其他侧断路器。

(5) 母线保护动作备用出口（每段母线 2 组），包含母线差动保护、失灵保护动作。

【释义】

a. 此触点可根据实际情况酌情使用，例如：可用于母线差动保护动作闭锁备自投。

b. 宜为Ⅰ母差动和Ⅱ母差动动作触点。

注：对于双母线接线和双母单分段接线，无第（2）、（3）项。

2. 常规变电站信号触点输出

（1）Ⅰ母差动动作、Ⅱ母差动动作（3组：1组保持，2组不保持）。

（2）Ⅰ母失灵动作、Ⅱ母失灵动作（3组：1组保持，2组不保持）。

（3）跳母联（分段）（3组：1组保持，2组不保持）。

（4）母线互联告警（至少1组不保持）。

（5）TA/TV断线告警（至少1组不保持）。

（6）隔离开关位置告警（至少1组不保持）。

（7）运行异常（含差动电压开放、失灵电压开放等，至少1组不保持）。

（8）装置故障告警（至少1组不保持）。

注：对于双母单分段接线，第（1）项应增加"Ⅲ母差动动作信号"，第（2）项应增加"Ⅲ母失灵动作信号"；TA断线告警段和闭锁段告警报文应分开。

3. 智能变电站保护GOOSE跳闸出口

（1）跳闸出口（每个支路1组）。

（2）启动分段1失灵（1组）。

（3）启动分段2失灵（1组）。

【释义】

双母双分段接线型式，母线保护动作跳分段时，应启动分段断路器另一侧母线保护内的分段失灵保护，考虑到启失灵和跳闸出口返回条件可能不同，启动分段失灵应独立于分段跳闸出口，且有独立的发送软压板控制。

（4）失灵联跳变压器（每个变压器支路1组）。

（5）Ⅰ母保护动作（1组）。

（6）Ⅱ母保护动作（1组）。

注：对于双母线接线和双母单分段接线，无第（2）、（3）项。

4. 智能变电站GOOSE信号输出

（1）Ⅰ母保护动作（1组）。

（2）Ⅱ母保护动作（1组）。

【释义】

用于录波或监控后台虚拟光字牌，不受发送软压板控制。

注：对于双母单分段接线，应增加"Ⅲ母保护动作"。

5. 智能变电站信号触点输出

（1）运行异常（含TA断线、TV断线等，至少1组不保持）。

（2）装置故障告警（至少1组不保持）。

4.1.2.6　常规变电站双母线接线母线保护支路定义

1. 24 个支路的母线保护支路定义

（1）支路 1：母联。

（2）支路 2～3：主变 1～2。

（3）支路 4～13：线路 1～10。

（4）支路 14～15：主变 3～4。

（5）支路 16～22：线路 11～17。

（6）支路 23～24：备用。

2. 23 个支路的母线保护支路定义

（1）支路 1：母联。

（2）支路 2～3：主变 1～2。

（3）支路 4～13：线路 1～10。

（4）支路 14～15：主变 3～4。

（5）支路 16～21：线路 11～16。

（6）支路 22～23：备用。

3. 21 个支路的母线保护支路定义

（1）支路 1：母联。

（2）支路 2～3：主变 1～2。

（3）支路 4～13：线路 1～10。

（4）支路 14～15：主变 3～4。

（5）支路 16～19：线路 11～14。

（6）支路 20～21：备用。

4.1.2.7　常规变电站双母线双分段接线母线保护支路定义

1. 24 个支路的母线保护支路定义

（1）支路 1：母联。

（2）支路 2～3：主变 1～2。

（3）支路 4～13：线路 1～10。

（4）支路 14～15：主变 3～4。

（5）支路 16～22：线路 11～17。

（6）支路 23：分段 1。

（7）支路 24：分段 2。

2. 23 个支路的母线保护支路定义

（1）支路 1：母联。

（2）支路 2～3：主变 1～2。

（3）支路 4～13：线路 1～10。

（4）支路 14～15：主变 3～4。

（5）支路 16～21：线路 11～16。

（6）支路 22：分段 1。

（7）支路 23：分段 2。

3. 21 个支路的母线保护支路定义

（1）支路 1：母联。

（2）支路 2~3：主变 1~2。

（3）支路 4~13：线路 1~10。

（4）支路 14~15：主变 3~4。

（5）支路 16~19：线路 11~14。

（6）支路 20：分段 1。

（7）支路 21：分段 2。

4.1.2.8 常规变电站双母线单分段接线母线保护支路定义

1. 24 个支路的母线保护支路定义

（1）支路 1：母联 1。

（2）支路 2~3：主变 1~2。

（3）支路 4~13：线路 1~10。

（4）支路 14~15：主变 3~4。

（5）支路 16~22：线路 11~17。

（6）支路 23：分段。

（7）支路 24：母联 2。

2. 23 个支路的母线保护支路定义

（1）支路 1：母联 1。

（2）支路 2~3：主变 1~2。

（3）支路 4~13：线路 1~10。

（4）支路 14~15：主变 3~4。

（5）支路 16~21：线路 11~16。

（6）支路 22：分段。

（7）支路 23：母联 2。

3. 21 个支路的母线保护支路定义

（1）支路 1：母联 1。

（2）支路 2~3：主变 1~2。

（3）支路 4~13：线路 1~10。

（4）支路 14~15：主变 3~4。

（5）支路 16~19：线路 11~14。

（6）支路 20：分段。

（7）支路 21：母联 2。

4.1.2.9 智能变电站双母线、双母双分接线母线保护支路定义

（1）支路 1：母联。

（2）支路 2：分段 1。

（3）支路 3：分段 2。

（4）支路 4：主变 1。

（5）支路 5：主变 2。

（6）支路 14：主变 3。

（7）支路 15：主变 4。

（8）其他支路：线路。

注：对于双母线接线，支路 2、支路 3 为备用。

4.1.2.10　智能变电站双母单分段接线母线保护支路定义

（1）支路 1：母联 1。

（2）支路 2：分段。

（3）支路 3：母联 2。

（4）支路 4：主变 1。

（5）支路 5：主变 2。

（6）支路 14：主变 3。

（7）支路 15：主变 4。

（8）其他支路：线路。

4.2　技术原则

4.2.1　主保护技术原则

（1）母线保护应具有可靠的 TA 饱和判别功能，区外故障 TA 饱和时不应误动。

【释义】

这是母线差动保护应满足的基本要求。TA 正常时，母线差动保护在区外故障时的动作电流（即差流）理论上为 0，实际上因不平衡电流的存在而有很小的差流，保护能可靠不动作。但是，如果外部故障导致 TA 暂态饱和（非周期分量短路电流引起），则差流增大，可能导致母线差动保护误动，所以保护应能快速判别 TA 饱和并采取相应处理措施。

（2）母线保护应能快速切除区外转区内的故障。

（3）母线保护应允许使用不同变比的 TA，并通过软件自动校正。

【释义】

对微机型母线差动保护，当母线保护各支路 TA 变比不一致时（通常不超过 4 倍），不应加装辅助变流器。

（4）具有 TA 断线告警功能，除母联（分段）TA 断线不闭锁差动保护外，其余支路 TA 断线后固定闭锁差动保护。

【补充要求】

a. 220kV 及以上保护 TA 二次回路断线的处理原则。主保护不考虑 TA、TV 断线同时出现，不考虑无流元件 TA 断线，不考虑三相电流对称情况下中性线断线，不考虑两相、三相断线，不考虑多个元件同时发生 TA 断线，不考虑 TA 断线和一次故障同时出现。

b. 仅 TA 至合并单元之间发生断线时报 TA 断线告警。

c. 母线保护 TA 二次回路断线的处理方式见表 4-3。

表 4-3   母线保护 TA 二次回路断线的处理方式

保 护 元 件		处 理 方 式
支路（分段）	TA 断线	闭锁断线相大差及所在母线小差
	SV 通信中断	闭锁大差及所在母线小差
	SV 检修不一致	
	SV 报文配置异常	
TA 断线逻辑		自动复归
母联及支路 TA 未发生断线时误报 TA 断线告警		有流支路隔离开关位置异常（不含位置接反）、SV 检修不一致、SV 通信中断、SV 报文配置异常、SV 品质位异常时均应有相应告警报文，不应报 TA 断线
母联	TA 断线	母联 TA 断线后发生断线相故障，先跳开母联，延时 100ms 后选择故障母线
	SV 通信中断	母联 SV 通信中断、SV 检修不一致、报文配置异常、SV 品质位异常后发生母线区内故障，先跳开母联，延时 100ms 后选择故障母线
	SV 检修不一致	
	SV 报文配置异常	

【释义】

a. Q/GDW 175—2008《变压器、高压并联电抗器和母线保护及辅助装置标准化设计规范》中第 7.2.1 d）条要求："具有 TA 断线告警功能，除母联（分段）TA 断线不闭锁差动外，其余支路 TA 断线后可经控制字选择是否闭锁差动保护。"

b. 2008 年 8 月 20—22 日在北京召开的标准化规范实施技术原则审查会明确："其余支路 TA 断线后可经控制字选择是否闭锁差动保护"改为"其余支路 TA 断线后固定闭锁差动保护"。

c. 母联及双母单分段的分段 TA 断线后，大差差流平衡，保护不会误动作。因此，母联及双母单分段的分段 TA 断线后，仅告警，不闭锁差动保护。

d. 双母双分段接线的分段 TA 断线后可能导致差动保护误动作，应按普通支路处理，即应闭锁差动保护。

e. 母线保护装置 TA 断线后的处理方式按补充要求执行。

（5）双母线接线的差动保护应设有大差元件和小差元件；大差元件用于判别母线区内和区外故障，小差元件用于故障母线的选择。

【释义】

母线差动保护由母线大差和各段母线小差组成。对于双母线接线，大差和小差定义如下：

a. 大差是指由两段母线上所有电流支路构成的差动保护，不包含母联和分段断路器电流，可区分故障发生在母线内部还是外部，但不能识别哪一条母线有故障。

b. 某段母线小差是指由与该段母线相连的所有支路电流构成的差动保护，包含与该母线相连的母联和分段断路器电流，所以可区分发生故障的母线。

在双母线（分段）发生短路故障时，大差和某条母线小差同时动作，切除故障母线。

（6）对构成环路的各种母线，保护不应因母线故障时电流流出的影响而拒动。

【释义】

a. 环形母线、3/2 断路器接线、双母线双分段接线、双母线单分段接线以及双回线由短距离线路构成外环网等，当母线故障时可能构成反向环流的情况，有短路电流流出母线。

b. 对于某些差动判据而言，流出电流的存在并没有导致差流增加，只是制动电流增加了，以最严重的情况计算，差动保护的制动系数可以小到 $K_z=1/3$。区内故障时保护容易拒动，双母线双分段接线、双母线单分段接线的接线方式，母线保护的大差、小差的制动系数都可能变小；双母接线方式，大差的制动系数可能变小，小差的制动系数不受影响。母线保护装置应采取措施防止区内故障拒动，整定计算时，也应考虑这一问题。

（7）双母线接线的母线保护，在母线分列运行并发生死区故障时，应能有选择地切除故障母线。

【释义】

母线分列运行，发生死区故障时，应采取措施，比如：通过母联跳位封母联 TA（母联电流不计入小差），确保差动保护可靠动作，有选择性地切故障母线。

（8）母线保护应能自动识别母联（分段）的充电状态，合闸于死区故障时，应瞬时跳母联（分段），不应误切除运行母线。

按如下原则实施：

1）由操作箱提供的 SHJ 触点、母联 TWJ、母联（分段）TA "有无电流" 的判别，作为母线保护判断母联（分段）充电并进入充电逻辑的依据。

2）充电逻辑有效时间为 SHJ 触点由 "0" 变为 "1" 后的 1s 内，1s 后恢复为正常运行母线保护逻辑。

3）母线保护在充电逻辑的有效时间内，如满足动作条件应瞬时跳母联（分段）断路器，如母线保护仍不复归，延时 300ms 跳运行母线，以防止误切除运行母线。

【释义】

a. GB/T 14285—2006《继电保护和安全自动装置技术规程》的第 4.8.5 f2）条要求双母线的母线保护 "能可靠切除母联或分段断路器与电流互感器之间的故障"，即死区范围内的故障。

b. 当通过母联（分段）断路器充电于死区故障时（母联/分段断路器、与其对应 TA 之间的区域），运行母线（断路器侧的）的母线保护会感受到差流而动作，如按正常方式瞬时跳母联和运行母线，将会误切运行母线。

c. 充电于死区故障时，要采取措施，只跳母联不跳运行母线，以避免大面积停电。如果故障仍存在，则延时 300ms 切运行母线支路，以保护电力设备、并维持系统稳定。

d. 在 Q/GDW 175—2008《变压器、高压并联电抗器和母线保护及辅助装置标准化设计规范》版本基础上，2008 年 8 月 20—22 日在北京召开的标准化规范实施技术原则审查会明确了实施原则，即本条 1）～3）。

（9）差动保护出口经本段电压元件闭锁，除双母双分段分段断路器以外的母联和分段经两段母线电压"或门"闭锁，双母双分段分段断路器不经电压闭锁。

【释义】

a. 为防止母线差动保护误动导致多个开关误跳，保护须经本段电压元件闭锁，只有电压元件动作开放差动保护并且差动元件也动作时，才能跳相关断路器。GB/T 14285—2006《继电保护和安全自动装置技术规程》的第 4.8.5 e）条要求双母线接线的母线保护"母联或分段断路器的跳闸回路可不经电压闭锁触点控制"。

b. 双母双分段主接线需要由两套母线保护分别完成左右两条母线的保护功能，如果双母双分段的分段 TA 的任一侧发生断线又接地的故障（图 4—1），可能出现母线差动保护动作和电压闭锁不对应，导致两侧母线的差动保护都不能动作的情况。所以，双母双分段跳分段不经电压闭锁。

c. 对于除双母双分段外的其他主接线型式（和 3/2 接线），单套母线保护完成对整个母线的保护功能，可以得到所有母线的电压，故出现上述问题的情况下，跳母联（分段）时采用相关的两段母线电压"或门"闭锁，可以保证保护不误动，并可以防止 TA 断线导致误跳母联（分段）。"或门"闭锁是习惯性的说法，其含义是任一段母线出现零序负序电压、相低电压时，开放跳母联或分段出口。

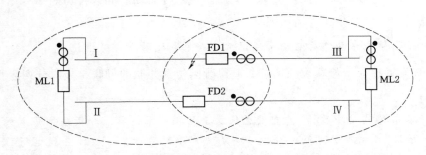

图 4-1　双母线双分段接线分段 TA 一侧断线并接地

（10）双母线接线的母线 TV 断线时，允许母线保护解除该段母线电压闭锁。

【补充要求】

双母线接线的母线 TV 断线时解除该段母线电压闭锁。

【释义】

TV 断线后，母线差动保护不会误动作，而电压闭锁元件条件则可能满足（其判据一般为相电压降低，零序、负序电压增大，这在母线 TV 断线时都存在）。此时，电压闭锁条件已经开放，不能再作为一个把关的条件了，故只有降低标准，自动解除该段母线的电压闭锁。由于母线保护除了电压闭锁条件外，还有大差和小差的动作条件，所以还是基本安全的。

（11）双母线接线的母线保护，通过隔离开关辅助触点自动识别母线运行方式时，应对隔离开关辅助触点进行自检，且具有开入电源掉电记忆功能。当与实际位置不符时，发"隔离开关位置异常"告警信号，常规变电站应能通过保护模拟盘校正隔离开关位置，智能变电站通过"隔离开关强制软压板"校正隔离开关位置。当仅有一个支路隔离开关辅助触点异常且该支路有电流时，保护装置仍应具有选择故障母线的功能。

【释义】

对于双母接线的母线差动保护，正确识别母线运行方式十分重要，当通过隔离开关位置接点开入对母线的运行方式进行判别时，须考虑隔离开关辅助接点接触不良、回路断线等因素，需要母线保护能自动识别运行方式的变化，对隔离开关辅助接点开入的正确性进行实时判断，当自检到开入异常时，发出告警，并记住隔离开关的原有位置，且可通过手动方式校正隔离开关位置，以保证在隔离开关检修等状态下保护能正确工作。当只有一个支路隔离开关辅助触点异常且该支路有电流时，可以通过算法判定出该支路接在哪一段母线，保证母线差动保护仍具有选择性。如该支路无电流，则不能通过算法判定，但除双母双分段方式的母线保护外，其他接线方式的母线保护可以保证区外故障不误动，区内故障可能失去选择性。

（12）双母双分段接线母线差动保护应提供启动分段失灵保护的出口触点。

【释义】

只有双母双分段接线方式采用两套母线保护时，才有此需要。

（13）双母线接线的母线保护应具备电压闭锁元件启动后的告警功能。

【释义】

要求电压闭锁元件动作后启动事件记录，或采取硬触点告警措施。

（14）宜设置独立于母联跳闸位置、分段跳闸位置并联的母联、分段分列运行压板。

【释义】

a. 本条在具体实施中改为："宜设置独立于母联跳闸位置、分段跳闸位置的母联、分段分列运行压板"，增加"母联、分段 1、分段 2 分列运行"压板。分列运行压板和跳闸位置 TWJ 分别开入，两个都为"1"时，则判为分列运行，封 TA；任一为"0"时，TA电流接入。

b. 主要原因为：两段母线故障范围的划分是由分段（母联）TA 的位置所确定，但TA 和断器的位置不完全一致，通常说的"死区"正是指 TA 和断路器之间的区域。如果死区发生故障，在母联（分段）合上时，最终会跳两段母线；在母联（分段）打开时，如果母联（分段）TA 电流不计入差动保护（即"封 TA"），则可以做到只跳故障母线。所以"封 TA"和母联（分段）断路器开合状态应该配合，即：母联（分段）断路器断开时，应"封 TA"；断路器合上时，不应"封 TA"，否则在死区发生故障时会扩大事故。

c. 实际操作时，"封 TA"和母联（分段）断路器开合状态不可能绝对同步，总会出现如下不对应：①母联（分段）断路器合上，封 TA；②母联（分段）断路器打开，未封TA（电流计入差动保护）。

通过对这两种不对应的分析，可以得出结论：前一种不对应可能造成事故扩大的范围和严重程度远比后一种不对应要大得多。例如：对于双母双分段母线保护，如果分段断路器合上，而分段 TA 被封，则只要分段断路器流过流，母线保护的大差和小差都会有差流，差动保护误动的可能性很大；而如果分段打开，分段 TA 未封，则只有在分段死区内发生故障时，才会扩大事故，跳两段母线。所以，分段 TA 应随分段断路器的合分做相应投退，应封得可靠，可以滞后；投得及时，应该超前。

d. 如果设置分别与母联跳闸位置、分段跳闸位置并联的母联、分段分列运行压板，当分段断路器需要进行合环操作，即由断开位置需要合上时，此时运行人员虽然可以退出分列运行压板，但是，跳闸位置触点在合上位置，TA 仍然处于"封"的状态，当断路器合上时，由于分段 TA 未及时投入运行，会导致分段断路器两侧的两套母线保护的大差、小差都有差流，而此时电压闭锁元件由于合闸冲击的暂态不平衡电压也可能短时动作，就可能造成两套母线保护都误动。

e. 如果设置独立于母联、分段跳闸位置的母联、分段分列运行压板，当分段断路器需要进行合环操作，即由断开位置需要合上时，运行人员可以退出分列运行压板，此时虽然跳闸位置触点在合上位置，但只要压板开入为"0"，分段 TA 就可接入运行。当断路器合上时，由于分段 TA 合闸前已投入运行，不会导致分段断路器两侧的两套母线保护的大差、小差有差流，两套母线保护都安全。

（15）装置上送后台的隔离开关位置为保护实际使用的隔离开关位置状态。

【释义】

隔离开关正常时，"保护中使用的隔离开关状态"与"实际的隔离开关位置状态"，两者是一致的，上送后台的也是此状态。但是在隔离开关异常时两者则可能不一致（这时上送后台的应是保护实际使用的），比如：常规变电站中母线差动保护在对隔离开关自检时发现其状态异常（例如检测到有流，但却无隔离开关位置开入），发出告警信号，运行人员确认隔离开关位置异常后，通过母线保护隔离开关模拟盘上将正确的隔离开关位置接入保护装置，同时检修隔离开关。这时，隔离开关的实际位置与保护中使用的状态就是不一致的。

注：第（14）项母联、分段跳闸位置和分列运行压板分别开入，两个开入都为"1"，判为分列运行，母联、分段 TA 电流不接入差动保护；任一开入为"0"，则母联、分段 TA 电流接入差动保护。

4.2.2 双母线接线的断路器失灵保护技术原则

【补充要求】

将母线保护原有的 SV 接收软压板更改为间隔接收软压板，间隔接收软压板退出后整个间隔的 SV 和 GOOSE 接收信号均退出。

（1）断路器失灵保护应与母线差动保护共用出口。

【释义】

不单独配置失灵保护装置，应采用母线差动保护和失灵保护一体的保护装置。

（2）应采用母线保护装置内部的失灵电流判别功能；各线路支路共用电流定值，各变压器支路共用电流定值；线路支路采用相电流、零序电流（或负序电流）"与门"逻辑；变压器支路采用相电流、零序电流、负序电流"或门"逻辑。

【释义】

a. 原有线路失灵保护判别单相断路器失灵主要采用本相的相电流元件，电流定值按支路设置，保单相故障有灵敏度并尽量躲过负荷电流整定。实际上这两个条件很难同时做到，如要躲负荷电流，就不能保证高阻接地的灵敏度，采用零负序电流可以解决灵敏度问题。但非全相也有零负序电流，所以必须要采用适当的逻辑，例如：线路支路采用相电流、零序电流（或负序电流）"与门"逻辑，就可以区别非全相和高阻接地的零负序电流，这样，相电流就可以整定得很小，是一个"有无电流"的概念，可以用每一个单元的二次电流的 $0.05I_n$ 来作为免整定的定值。负序电流和零序电流按躲过最大不平衡电流整定，与变压器支路共用。变压器支路是三相跳闸的支路，只要有电流就是失灵，所以可采用相电流、零序电流、负序电流"或门"逻辑，但考虑到变压器启动失灵要解除电压闭锁，而正常运行时也有负荷电流，为了防止失灵启动误开入导致误动，相电流按保变压器低压侧三相故障有灵敏度整定，不再考虑躲过负荷电流，保护装置内部宜设置免整定的相电流突变量元件，作为三相故障三相失灵动作的必要条件，增加三相失灵动作的安全性。

b. 为了确保失灵保护的安全，并优化失灵保护的整定，线路保护各支路共用电流定值，相电流定值免整定，零负序电流按躲各支路最大不平衡电流整定，线路和变压器支路共用，各变压器支路也共用电流定值。

c. 采用母线保护内部的失灵电流判别功能，每个间隔不再配置失灵启动装置，简化了回路。同时，失灵保护在跳闸前的最后一级判电流，可以防止前面各级的误开入，提高失灵保护的安全性。

d. 通常采用反映三相故障的突变量启动元件，和反映不对称故障的负序电流、零序电流等元件组成。

（3）线路支路应设置分相和三相跳闸启动失灵开入回路，变压器支路应设置三相跳闸启动失灵开入回路。

【释义】

为了解决变压器支路失灵时电压闭锁元件灵敏度不足的问题，不应采用变压器支路启动失灵不经电压闭锁的方法，应独立设置解除电压闭锁的开入回路，有了独立的解除电压闭锁的开入。实际上变压器的失灵启动就变成双开入，只有同时收到失灵启动和解除电压闭锁的两个开入，才确认本变压器的失灵启动和解除电压闭锁有效，其他变压器的电压闭锁并未解除，从而提高了失灵启动回路的可靠性。

（4）"启动失灵""解除失灵保护电压闭锁"开入异常时应告警。

【释义】

为了防止失灵保护误动作，"启动失灵""解除失灵保护电压闭锁"长期开入，而失灵保护的其他条件不满足时应告警。

（5）母线差动保护和独立于母线保护的充电过流保护应启动母联（分段）失灵保护。

【释义】

只有母线差动和充电过流保护才应启动母联（分段）失灵保护。

（6）为缩短失灵保护切除故障的时间，失灵保护宜同时跳母联（分段）和相邻断路器。

【释义】

a. 无双回线横差保护或电流平衡保护，并且对侧线路零序Ⅰ段保护退出运行的情况下，失灵保护可同时跳母联和相邻断路器，如图 4-2 和图 4-3 所示。

b. 失灵保护设置 2 个时限，第 1 时限跳母联，第 2 时限跳整段母线。如需同时跳母联和相邻断路器，整定为相同时间定值即可。

（7）为解决某些故障情况下断路器失灵保护电压闭锁元件灵敏度不足的问题，对于常规变电站，变压器支路应具备独立于失灵启动的解除电压闭锁的开入回路，"解除电压闭锁"开入长期存在时应告警，宜采用变压器保护"跳闸触点"解除失灵保护的电压闭锁，不采用变压器保护"各侧复合电压动作"触点解除失灵保护电压闭锁，启动失灵和解除失灵电压闭锁应采用变压器

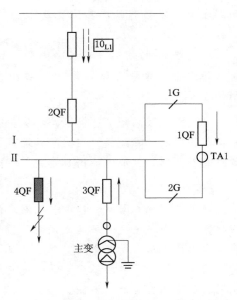

图 4-2 线路对侧零序Ⅰ段超越示意图

保护不同继电器的跳闸触点；对于智能变电站，母线保护变压器支路收到变压器保护"启动失灵"GOOSE 命令的同时启动失灵和解除电压闭锁。

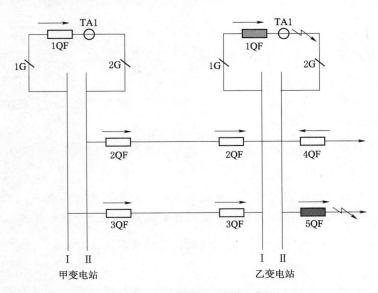

图 4-3 横差保护误动作示意图

119

【释义】

a. 为了解决变压器支路失灵时电压闭锁元件灵敏度不足的问题，常规变电站不应采用"变压器支路启动失灵不经电压闭锁"的方法，应独立设置解除电压闭锁的开入回路；采用变压器保护不同继电器的"跳闸触点"至母线保护的"启动失灵"和"解除复压闭锁"开入，母线保护只有同时收到这两个开入，才确认本变压器的失灵启动和解除电压闭锁有效，其他变压器的电压闭锁并未解除，从而提高失灵启动回路的可靠性。

b. 智能变电站不存在误碰问题，故不再设置独立的解除复压闭锁虚端子，母线保护变压器支路收到变压器保护"启动失灵"GOOSE 命令的同时启动失灵和解除电压闭锁。

（8）含母线故障变压器断路器失灵联跳变压器各侧断路器的功能。母线故障，变压器断路器失灵时，除应跳开失灵断路器相邻的全部断路器外，还应跳开该变压器连接其他电源侧的断路器，失灵电流再判别元件应由母线保护实现。

【释义】

对于 330～500kV 变电站中压侧母线保护和 220kV 变电站高压侧母线保护，应有母线故障主变支路失灵后跳其他侧断路器的电流判别功能。母线故障时，母线保护动作跳故障母线上各支路，对其中的变压器支路，由母线保护继续判别该断路器是否失灵。如果失灵，则输出"失灵联跳触点"到失灵变压器的保护装置，变压器保护装置经"软件防误"识别后跳变压器其他电源侧。

（9）3/2 断路器接线，失灵保护动作经母线差动保护出口时，应在母线差动保护装置中设置灵敏的、不需整定的电流元件并带 50ms 延时。

4.2.3　其他技术原则

【补充要求】

并列运行方式下，母联（分段）失灵保护不判母联位置。

【释义】

在并列运行方式下，发生死区故障或断路器失灵，母联（分段）失灵保护或死区保护要能切除两段母线。

（1）母联（分段）失灵保护、母联（分段）死区保护均应经电压闭锁元件控制。

【释义】

母联（分段）失灵保护固定投入，不设投退压板；分列运行方式下，母联失灵保护不应动作，并列运行方式下，母联（分段）失灵保护不判母联（分段）位置。

（2）母联（分段）死区保护确认母联跳闸位置的延时为 150ms。

【释义】

a. 当母线保护动作或独立的充电保护动作跳母联断路器时，如母联任一相有电流，则开始启动母联失灵保护计时，失灵保护整定时间到就会跳两段母线，在母联失灵保护计时期间，如果收到母联跳位信息，则认为断路器跳开而母联仍有电流，应该是死区故障，必定要跳两段母线，所以可以不用等到失灵保护计时到就可以加速跳闸。

b. 考虑到母联死区保护误动作会造成严重后果，所以，需要带有较安全的延时才能跳闸，现取150ms延时，主要考虑TA在一次侧无流后二次侧的暂态衰减时间、断路器的熄弧时间、各种断路器断开时辅助触点的离散和不确定的时间，以及安全裕度时间。

（3）3/2断路器接线的母线保护应设置灵敏的、不需整定的电流元件并带50ms的固定延时，以提高边断路器失灵保护动作后经母线保护跳闸的可靠性。

【释义】

a. 边断路器失灵保护动作后，应跳开与该边断路器相连母线的全部断路器。为简化二次回路，可通过母线保护的跳闸回路实现。所以，每套母线保护应具有边断路器失灵经母线保护跳闸功能。

b. 遵循"可能导致多个断路器同时跳闸的开入均应增加软件防误功能"的基本原则，边断路器失灵动作后应采用单触点开入母线保护（常规变电站各支路共用开入，智能变电站分支路开入），该开入经母线保护的软件防误逻辑确认后跳本母线所有断路器。

4.3 母联（分段）充电过流保护设计规范

4.3.1 配置要求

（1）母联（分段）断路器应配置独立于母线保护的充电过流保护装置。常规变电站按单套配置，智能变电站按双重化配置。

【释义】

a. 母联（分段）充电过流保护，有两种配置方案（两种方案功能相同）。

a）母线保护装置里集成母联（分段）充电过流保护功能，为母线保护的可选配功能（代码M），见表4-2。这时不需要单独配置母联（分段）充电过流保护装置。

b）配置独立的母联（分段）充电过流保护装置。母联（分段）充电保护不仅用于母联（分段）充电，也可作为线路、变压器支路充电操作的后备保护。考虑到母线保护的重要性，应避免在母线保护屏上频繁操作。

b. 要求配置独立的母联（分段）充电过流保护装置。

c. 关于非全相保护功能，由于其通常在断路器本体机构中实现，所以母联（分段）充电过流保护装置中不需配置非全相保护功能，确有需要时，母线保护装置中可选配非全相保护功能。

（2）充电过流保护应具有两段过流和一段零序过流功能。

【释义】

a. GB/T 14285—2006《继电保护和安全自动装置技术规程》的第4.8.7条要求："在母联或分段断路器上，宜配置相电流或零序电流保护，保护应具备可瞬时和延时跳闸

121

的回路，作为母线充电保护，并兼作新线路投运时（母联或分段断路器与线路断路器串接）的辅助保护"。

b. 以往的母线保护一般设置两段过流和两段零序过流功能，空充母线时短时投入充电保护，充电完毕后延时自动退出；串联充线路或变压器时投入过流保护。

c. 考虑到空充时有可能延时发生绝缘击穿，自动退出的短时投入的充电保护可能会拒动作，所以不设置自动退出的短时投入的充电保护，设置通过压板投退的二段延时过流和一段零序延时过流保护，由用户根据具体使用情况整定。一般情况，Ⅰ段过流保护和零序过流保护都可以作为充电保护用；如作为其他元件充电的后备保护，则可使用带一定延时的Ⅱ段过流保护。零序过流保护可作为线路高阻接地故障的保护。DL/T 572—2010《电力变压器运行规程》第 5.2.7 条要求"中性点有效接地系统中，投运或停运变压器的操作，中性点必须先接地"，为了提高单相接地故障的灵敏度，可采用零序过流保护。

（3）母联（分段）充电过流保护功能配置表，见表 4-4。

表 4-4　　　　　　　　母联（分段）充电过流保护功能配置表

类别	序号	功　能　描　述	段数及时限	说明	备注
	1	充电过流保护	Ⅰ段一时限 Ⅱ段一时限		
	2	充电零序过流保护	Ⅰ段一时限		
类别	序号	基　础　型　号	代　　码		
		母联（分段）充电过流保护	A		

4.3.2　技术原则

（1）母联（分段）充电过流保护跳闸。
（2）母联（分段）充电过流保护应启动母联（分段）失灵保护。

【释义】
通过操作箱内 TJR 触点启动失灵。

4.3.3　装置模拟量、开关量接口

4.3.3.1　模拟量输入

（1）常规变电站交流回路：母联（分段）交流电流 I_a、I_b、I_c、$3I_0$（可选）。

【释义】
逻辑运算宜采用自产零序电流，而不采用软件外部接线零序电流。外接零流 $3I_0$ 为可选项，当其引入到保护装置内时，保护装置可将自产零序电流和外部接线零序电流进行比较，可防止采样回路异常导致保护误动作。

（2）智能变电站 SV 交流回路：母联（分段）交流电流 I_{a1}、I_{a2}、I_{b1}、I_{b2}、I_{c1}、I_{c2}。
注：智能变电站为双 A/D 采样输入。

4.3.3.2 开关量输入

1. 常规变电站开关量输入

(1) 充电过流保护投/退。

【释义】

充电过流保护投退压板是为了防止充母线时发生非瞬时性故障而可能导致充电保护拒动作。例如：现场曾发生过被充母线带电10s后母线绝缘才击穿，短时投入的充电保护拒动的事故。为此，要求通过压板投入的充电过流保护在充电操作过程中长时投入。

由于充电过流保护的投退由压板的投退决定，且不需要通过分相跳位来作为短时投入判别的依据，所以，2008年8月20—22日在北京召开的标准化规范实施技术原则审查会明确要求取消"分相跳闸位置"开入。

(2) 远方操作投/退。

(3) 保护检修状态投/退。

(4) 信号复归。

(5) 启动打印（可选）。

2. 智能变电站开关量输入

(1) 远方操作投/退。

(2) 保护检修状态投/退。

(3) 信号复归。

(4) 启动打印（可选）。

4.3.3.3 开关量输出

1. 常规变电站保护跳闸出口

(1) 充电过流保护跳闸出口（2组）。

【释义】

单套配置的母联（分段）充电过流保护应同时跳断路器两组跳闸线圈。

(2) 备用出口（2组）。

2. 常规变电站信号触点输出

(1) 保护动作信号（3组：1组保持，2组不保持）。

(2) 运行异常（至少1组不保持）。

(3) 装置故障告警（至少1组不保持）。

3. 智能变电站保护GOOSE跳闸出口

(1) 充电过流保护跳闸出口（1组）。

(2) 启动失灵（1组）。

4. 智能变电站GOOSE信号输出

保护动作信号（1组）。

5. 智能变电站信号触点输出

(1) 运行异常（至少1组不保持）。

(2) 装置故障告警（至少1组不保持）。

4.4　合并单元设计规范

4.4.1　配置要求

（1）双套配置的保护对应合并单元应双套配置。

【释义】

Q/GDW 441—2010《智能变电站继电保护技术规范》中的第 5.1 a）2）条要求："两套保护的电压（电流）采样值应分别取自相互独立的合并单元。"

（2）母线电压合并单元可接收 3 组 TV 数据，并支持向其他合并单元提供母线电压数据，根据需要提供电压并列功能。各间隔合并单元所需母线电压量通过母线电压合并单元转发。

【释义】

a. 接收 3 组 TV 数据是考虑单母线三分段和双母线单分段的电压采集情况，是母线合并单元的最大接收能力要求；实际应用中母线合并单元具备 2 组 TV 数据接收能力，能满足大部分的主接线需求，包括双母线（双分段）接线、单母线分段接线、3/2 断路器接线。

b. 分段断路器位置由智能终端采集后 GOOSE 发布，由合并单元订阅后完成电压并列功能，分段断路器位置不采取硬触点采集方式。

（3）配置原则。

1）3/2 断路器接线：每段母线按双重化配置 2 台母线电压合并单元。

2）双母线接线，两段母线按双重化配置 2 台母线电压合并单元。每台合并单元应具备 GOOSE 接口，接收智能终端传递的母线 TV 隔离开关位置、母联隔离开关位置和断路器位置，用于电压并列。

3）双母单分段接线，按双重化配置 2 台母线电压合并单元，含电压并列功能（不考虑横向并列）。

4）双母双分段接线，按双重化配置 4 台母线电压合并单元，含电压并列功能（不考虑横向并列）。

5）用于检同期的母线电压由母线合并单元点对点通过间隔合并单元转接给各间隔保护装置。

4.4.2　技术原则

（1）合并单元应支持 DL/T 860.92—2016《电力自动化通信网络和系统　第 9-2 部分：特定通信服务映射（SCSM）-基于 ISO/IEC 8802-3 的采样值》或通道可配置的扩展 GB/T 20840.8—2008《互感器　第 8 部分：电子式电流互感器》中所规定的通信规约，通过 FT3 或 DL/T 860.92—2016《变电站通信网络和系统　第 9-2 部分：特定通信服务映射（SCSM）映射到 ISO/IEC 8802-3 的采样值》中所规定的接口实现合并单元之间的级联功能。

【释义】

现阶段优先采用 DL/T 860.92—2016《变电站通信网络和系统 第9-2部分：特定通信服务映射（SCSM）映射到 ISO/IEC 8802-3 的采样值》中所规定的方式。今后逐步推广 DL/T 860.92—2016《变电站通信网络和系统 第9-2部分：特定通信服务映射（SCSM）映射到 ISO/IEC 8802-3 的采样值》方式级联，逐步取消 GB/T 20840.8—2008《互感器 第8部分：电子式电流互感器》级联方式。

a. 母线合并单元和间隔合并单元级联采用 DL/T 860.92—2016《变电站通信网络和系统 第9-2部分：特定通信服务映射（SCSM）映射到 ISO/IEC 8802-3 的采样值》是趋势。GB/T 20840.8—2008《互感器 第8部分：电子式电流互感器》规约是基于串口的，和 DL/T 860.92—2016《变电站通信网络和系统 第9-2部分：特定通信服务映射（SCSM）映射到 ISO/IEC 8802-3 的采样值》相比有带宽低、数据传输精度低、扩展不便等弱点。

b. 母线合并单元和间隔合并单元级联采用 GB/T 20840.8—2008《互感器 第8部分：电子式电流互感器》规约，不同厂家之间的母线合并和间隔合并单元之间联调很麻烦。

c. 采用 DL/T 860.92—2016《变电站通信网络和系统 第9-2部分：特定通信服务映射（SCSM）映射到 ISO/IEC 8802-3 的采样值》级联的母线合并单元和采用 GB/T 20840.8—2008《互感器 第8部分：电子式电流互感器》级联的母线合并单元是完全不同的2种硬件，国调对合并单元管控很严格，统一采用 DL/T 860.92—2016《变电站通信网络和系统 第9-2部分：特定通信服务映射（SCSM）映射到 ISO/IEC 8802-3 的采样值》级联可以简化装置类型和调试工作。

（2）合并单元应能接受外部公共时钟的同步信号，与电子式互感器的同步可采用同步采样脉冲。

【释义】

a. 脉冲同步法：由合并单元向电子式互感器发出采样脉冲，数据采样的脉冲必须由合并单元的秒脉冲信号锁定，每秒第一次测量的采样时刻应和秒脉冲的上升沿同步，且对应的时标在每秒内应均匀分布。

b. 插值同步法：电子式互感器各自独立采样，并将采样的一次电流和电压数据以固定延时发送至合并单元，合并单元以同步时钟为基准插值，插值时刻必须由合并单元的秒脉冲信号锁定，每秒第一次插值时刻应和秒脉冲的上升沿同步，且对应的时标在每秒内应均匀分布。

c. 实际应用中由于同步采样脉冲法需要敷设合并单元和电子式互感器之间的同步光缆。为方便使用和简化接线降低成本，同时，为满足高压电网的保护装置不依赖于同步时钟的基本原则，实际应用以插值同步法居多。

（3）按间隔配置的合并单元应接收来自本间隔电流互感器的电流信号；若本间隔有电压互感器，还应接入本间隔电压信号；若本间隔二次设备需接入母线电压，还应级联接入来自母线电压合并单元的母线电压信号。

（4）若电子式互感器由合并单元提供电源，合并单元应具备对激光器的监视以及取能回路的监视能力。

【释义】

在高压断路器是 AIS 机构时，为了安全考虑进行强弱电隔离，电子式互感器采集卡置于高压侧时通过激光器和取能线圈取电。激光器容易老化，取能回路在一次回路小电流时会供电不足，需要加以监视。

4.5　智能终端设计规范

4.5.1　配置要求

（1）220kV 及以上电压等级智能终端按断路器双重化配置。

（2）220kV 及以上电压等级变压器各侧的智能终端均按双重化配置；110kV 变压器各侧智能终端宜按双套配置。

【释义】

110kV 及以下电压等级断路器一般是单跳闸线圈，但是智能终端相当于继电保护的出口执行端，应该双套配置，这也体现了保护的双重化思想。

（3）本体智能终端宜集成非电量保护功能，单套配置。

4.5.2　技术原则

（1）接收保护跳合闸 GOOSE 命令，测控的遥合/遥分断路器、隔离开关等 GOOSE命令。

（2）发出收到跳令的报文。

（3）GOOSE 直传双点位置：断路器分相位置、隔离开关位置。

（4）GOOSE 直传单点位置：遥合（手合）、低气压闭锁重合等其他遥信信息。

【释义】

低气压闭锁重合双套智能终端都要采集以便和双重化线路保护配合。

（5）断路器智能终端 GOOSE 发出组合逻辑如下：

【释义】

原则上，智能终端应直传原始采集信息和组合逻辑信息，由应用端根据需要进行逻辑处理，但考虑到当前智能变电站设备发展，为便于更好地与应用端结合，此条对 GOOSE发出的组合逻辑提出了要求。

1）闭锁本套重合闸，逻辑为：遥合（手合）、遥跳（手跳）、TJR、TJF、闭重开入、本智能终端上电的"或"逻辑。

【释义】

遥合（手合）闭锁重合闸的意义在于由自身判断如果合于永久性故障将闭锁重合闸。

2）双重化配置智能终端时，应具有输出至另一套智能终端的闭重触点，逻辑为：遥合（手合）、遥跳（手跳）、保护闭锁重合闸、TJR、TJF 的"或"逻辑。

【释义】

双重化线路保护闭锁重合闸有相互通知的必要，由于 GOOSE 双网之间不能交换信息，通过智能终端将 GOOSE 信息转换为硬接点后相互通知来实现。

（6）断路器智能终端应具备三跳硬触点输入接口。

（7）断路器智能终端至少提供一组分相跳闸触点和一组合闸触点。

（8）断路器智能终端具有跳合闸自保持功能。

（9）断路器智能终端不宜设置防跳功能，防跳功能由断路器本体实现。

（10）除装置失电告警外，智能终端的其他告警信息通过 GOOSE 上送。

（11）智能终端配置单工作电源。

（12）智能终端应直传原始采集信息和组合逻辑信息，由应用端根据需要进行逻辑处理。

（13）智能终端发布的保护信息应在一个数据集。

（14）本体智能终端非电量保护部分要求同非电量保护功能。

4.6　智能站保护屏（柜）光缆（纤）要求

4.6.1　线径及芯数要求

（1）光纤线径宜采用 $62.5/125\mu m$。

（2）多模光缆芯数不宜超过 24 芯，每根光缆至少备用 20％，最少不少于 2 芯。

4.6.2　敷设要求

（1）双重化的两套保护不应共缆，不共 ODF 配线架。

（2）保护屏内光缆与电缆应布置于不同侧，或有明显分隔。

4.7　相关设备及回路要求

4.7.1　断路器要求

（1）非全相保护功能应由断路器本体机构实现。

【释义】

a. 要求非全相保护由断路器本体机构实现，同时也在线路保护的自定义定值中保留了非全相保护。目前，由于各地的具体情况和管理方式不同，非全相保护的实现方式也不同，有三种情况：①由开关机构实现；②由保护装置实现；③由保护装置和开关机构同时实现。

b. 非全相由保护装置实现存在的问题。

　　a）经电流判别：轻负荷运行发生非全相时易拒动（此种情况下由于负荷轻，影响比较小；同时加低值零序电流判别也能实现保护一贯要求的"任一元件损坏不误动"原则）。

　　b）不经电流判别：长电缆开入，易误动。

　　c. 非全相由断路器本体机构实现存在的问题。

　　a）时间继电器离散性较大。

　　b）高污染和风沙大地区，可靠性较差。

　　d. 非全相保护无论由保护装置实现，还是由断路器本体机构实现，都存在一些问题。由于各地的具体情况和管理模式不尽相同，存在的问题也不同。但是，从理顺关系、优化管理、简化保护二次回路而言，要求分相操作的断路器本体机构配置非全相保护功能是合理的。同时，也对本体机构的非全相保护功能提出明确技术要求和技术指标，并通过加强管理，起到监督作用。对于一些特殊的地区和特殊的情况可以酌情特殊处理。

　　（2）断路器防跳功能应由断路器本体机构实现。

【释义】

　　由于保护的防跳回路在断路器控制置于就地方式时不能起到防跳的作用，为保证断路器在远方操作和就地操作时均有防跳功能，更好地保护断路器，推荐优先采用断路器本体防跳。考虑到原有部分断路器不满足本体防跳的要求，操作箱内也设有防跳功能，应能够方便地取消。无论是否采用操作箱的防跳功能，均应采用操作箱跳合闸保持功能。

　　（3）断路器跳、合闸压力异常闭锁功能应由断路器本体机构实现，应能提供两组完全独立的压力闭锁触点。

【释义】

　　a. 要求断路器机构本身具有跳、合闸压力异常闭锁功能，一般情况，保护装置和操作箱可以不考虑此问题。但是，为了确保在压力低时不重合于永久故障上，闭锁重合闸可以采用双重把关。在保护装置跳闸以前，断路器机构的压力已经降到不能合闸的程度，要完成跳闸—合闸于永久故障—再跳闸的三个过程是不可能的，所以，此时由断路器操作机构为双重化的保护装置提供两组压力闭锁重合闸触点，保护装置收到闭锁重合闸开入以后，就不再重合闸，以增加闭锁重合闸的可靠性；在保护装置跳闸、重合闸启动以后，断路器机构的压力再降低，保护装置收到的闭锁信号将不再起作用，仍然可以发出合闸命令。此时，只能由断路器机构的压力闭锁回路闭锁重合闸。

　　b. 双母线接线的线路配置两套重合闸时，断路器压力低闭锁重合闸应提供两组触点。现阶段一般采用压力低闭锁重合闸经 2YJJ 转接扩展，以常闭触点形式接入重合闸装置。为防止跳闸过程中压力瞬时降低误闭锁重合闸，2YJJ 常闭触点应带一定延时。要求压力闭锁重合闸功能由重合闸装置和断路器机构同时实现，断路器应提供两组压力低闭锁重合闸触点，这样就不需要再经 2YJJ 转接扩展。

　　（4）750kV、500kV 变压器低压侧断路器宜为双跳闸线圈三相联动断路器。

【释义】

　　考虑到大型变压器的重要性，为提高低压侧断路器跳闸的可靠性，宜采用双跳闸线圈三相联动的断路器。

随着电力工业的发展，750kV 大型变压器的使用逐渐增多。此处在 Q/GDW 175—2008《变压器、高压并联电抗器和母线保护及辅助装置标准化设计规范》基础上增加了 750kV 变压器。

4.7.2 变压器各侧 TV 和 TA 要求

（1）为简化电压切换回路，提高保护运行可靠性，双母线接线形式变压器间隔宜装设三相 TV。

【释义】

a. 母线共用 TV 的存在的问题。

a）在小运行方式下，TV 的测量精度无法保证。按照 GB/T 1207—2006《电磁式电压互感器》的要求："TV 二次实际所带负荷，在额定容量的 25%～100% 范围内，才能保证测量精度"。工程中一般按本母线上可能出现的最大负荷来选择额定容量。在实际运行中，本母线所带的线路和变压器数量可能小于对应额定容量的 25%，这时就无法保证 TV 的测量精度。

b）《国家电网公司十八项电网重大反事故措施（试行）》第 14.2.1.1 条要求："两套保护装置的交流电压、交流电流应分别取自电压互感器和电流互感器互相独立的绕组。其保护范围应交叉重叠，避免死区。"两套保护电气上不能有任何联系，每套保护的交流电压宜分别取自 TV 的不同绕组。因此各间隔必须有 4 套电压切换装置（2 套保护，计量和测量各 1 套），回路复杂，可靠性差。

b. 各间隔设三相 TV 应考虑的问题。

a）当保护装置采用三相重合闸不检同期，或采用单相重合闸时，可以不设电压切换箱；电压切换箱切换两段母线的电压，只作为检同期用。

b）非全相运行时，线路保护应防止零序功率方向保护拒动作。例如，零序电流最末一段如果带方向，应该短接方向元件。

c）对于专用三相式 TV，TV 二次绕组自供自足，与外界无联系，接线简单，不需要电压并列和电压切换装置，也不需要电压小母线。

d）母线配置小容量三相 TV、线路配置小容量三相 TV。TV 负荷恒定不变，能满足测量精度。母线差动保护、故障录波及重合闸同期电压等取自母线 TV，线路和变压器的保护、测量及计量取自线路三相 TV。

e）根据《输变电工程典型设计（500kV）》的投资比较，虽然占地面积增大也不会增加总体投资。

（2）变压器高压侧、中压侧和低压侧 TV 宜提供两组保护用二次绕组。

【释义】

根据国家电网公司要求，除 220kV 变压器低压侧一般只有一组 0.5（3P）供测量和两套保护共用外，其余均能满足此要求。

（3）变压器 3/2 断路器接线或内桥接线侧，两个支路 TA 变比和特性应一致。

4.7.3　相关二次回路要求

电压切换只切保护电压，测量、计量和同期电压切换由其他回路完成。

【释义】

a. TV 二次丫形绕组配置为：0.2/0.5（3P）/3P，0.2 绕组为计量绕组，0.5（3P）绕组为保护和测量共用绕组，3P 绕组为保护绕组。

b. 计量回路压降要求小于 0.25%，一般单独切换。

c. 测量独立切换实现方案。

a）多个间隔集中组屏（柜）切换。

b）由测控装置自身实现自动切换。

4.7.4　变压器和母线保护用 TA 相关要求

（1）对于 330 kV 及以上电压等级变压器，包括公共绕组 TA 和低压侧三角内部套管（绕组）TA 在内的全部保护用 TA 均应采用 TPY 型 TA。

（2）220 kV 电压等级变压器保护优先采用 TPY 型 TA；若采用 P 级 TA，为减轻可能发生的暂态饱和影响，其暂态系数不应小于 2。

【释义】

a. 220kV 变压器有条件时可采用 TPY 型 TA。但因主变中压侧和低压侧采用 TPY 型 TA 存在较大困难，现阶段 220kV 变压器均采用 P 级 TA。

b. 对于 P 级 TA，按规程要求，暂态系数不应低于 2。

（3）变压器保护各侧 TA 变比，不宜使平衡系数大于 10。

【释义】

如果主变各侧 TA 变比相差过大，易导致差动保护在变压器正常运行的不平衡电流过大，在整定计算时应考虑这一因素，否则容易误动作。

（4）变压器低压侧外附 TA 宜安装在低压侧母线和断路器之间。

【释义】

a. 主变压器低压侧短路容量大，若由后备保护切除故障，则时间长，容易烧毁主变，因此要求宜将低压侧外附 TA 安装在母线和断路器之间，以扩大主保护范围，快速切除故障。

b. 当低压侧配置母线差动保护时，TA 绕组的取法首先应使变压器差动保护和母线保护有公共保护区，在此前提下，根据工程的实际情况，也可安装在主变低压侧和断路器之间。

（5）变压器间隙专用 TA 和中性点 TA 均应提供两组保护用二次绕组。

【释义】

a. 反映经间隙接地的变压器在间隙击穿后的间隙过流保护，以及反映接地故障的中性点零序过流保护，应采用不同 TA。

b. 强调了 TA 二次绕组的双重化。

（6）母线保护各支路 TA 变比差不宜大于 4 倍。

【释义】

a. 母线支路较数多时，TA 变比如果相差过大会引起计算误差过大，特别是正常运行时不平衡电流会加大，可能导致 TA 断线误报警、误闭锁，所以 TA 的变比差不宜大于 4 倍。

b. 对于个别支路，例如 500kV 站低压侧配置母线差动保护时，站用变压器和主变的变比如果相差很大，在保护设计和整定计算时应特殊考虑这一因素，否则容易误动作。

【释义】

Q/GDW 1175—2013《变压器、高压并联电抗器和母线保护及辅助装置标准化设计规范》对比 Q/GDW 175—2008《变压器、高压并联电抗器和母线保护及辅助装置标准化设计规范》，其定值部分，有如下内容是公共的，因此放在各保护定值之前统一说明：

a. 保护装置定值单包括以下内容，并按如下顺序排列：

a）设备参数定值部分：含基本参数（定值区号、被保护设备名称）；被保护设备本身的参数（如变压器、电抗器的额定容量、电压等）；TA、TV 一次值/二次值参数等，合并了 Q/GDW 175—2008《变压器、高压并联电抗器和母线保护及辅助装置标准化设计规范》中的装置基本参数定值和设备参数定值部分。

b）保护装置数值型定值部分。

c）保护装置控制字定值部分。

b. Q/GDW 1175—2013《变压器、高压并联电抗器和母线保护及辅助装置标准化设计规范》定值单中不含 Q/GDW 175—2008《变压器、高压并联电抗器和母线保护及辅助装置标准化设计规范》基本参数中的"通信地址"，而是将其单独列出，与其他通信设定项一起归类为通信参数，与定值分开，由现场设定，可查看和打印。

c. Q/GDW 1175—2013《变压器、高压并联电抗器和母线保护及辅助装置标准化设计规范》的保护装置基础软件版本由基础型号和选配功能组成，所以部分保护装置的定值单也分为基础型号和选配功能两部分，如 220kV 变压器保护，母线保护（双母线、双母双分、双母单分接线）。

d. Q/GDW 1175—2013《变压器、高压并联电抗器和母线保护及辅助装置标准化设计规范》的"软压板"从控制字中独立出来，不再属于定值，也不随定值区号切换。除了保护软压板以外，远方压板还含"远方投退压板""远方切换定值区""远方修改定值"软压板，这些只能在就地更改，以提高可靠性（Q/GDW 175—2008《变压器、高压并联电抗器和母线保护及辅助装置标准化设计规范》只有"远方修改定值"软压板，Q/GDW 1175—2013《变压器、高压并联电抗器和母线保护及辅助装置标准化设计规范》加强了对远方切换定值区和远方投退压板的安全可靠措施）。

e. 为满足使用 IEC 61850 等场合的要求，Q/GDW 1175—2013《变压器、高压并联电抗器和母线保护及辅助装置标准化设计规范》的定值区号从 1 开始，保护装置正式运行定值置于 1 区。Q/GDW 175—2008《变压器、高压并联电抗器和母线保护及辅助装置标准化设计规范》针对早期常规变电站，当时无 IEC61850 需求，定值区号为"0～××"，正式运行定值置于 0 区。

f. 将部分设备制造厂不用的保护定值、控制字（如变压器的故障分量差动保护控制字，电抗器匝间保护定值）归为自定义类，以规范各厂家产品的公共定值单，实现"六统一"要求之"保护定值格式统一"。

第 5 章

PCS - 915 母线保护装置调试

5.1 保护功能简介

PCS-915GB 母线保护装置是在 RCS-915 系列母线保护基础上，结合最新的计算机技术和用户日益复杂的应用需求，研发出的全新一代 PCS-915 母线保护。它继承了 RCS-915 系列母线保护的所有优点，并在保护原理方面有了进一步的创新和改进，同时人机接口方面更加友好，全面支持新一代的数字化变电站的应用要求。

PCS-915 系列微机母线保护是新一代全面支持数字化变电站的保护装置，装置可支持电子式互感器和常规互感器，支持电力行业通信标准 DL/T 667—1999 （IEC60870-5-103）《远动设备及系统　第5部分：传输规约　第103篇：继电保护设备信息接口配套标准》和新一代变电站通信标准 IEC61850。

PCS-915 系列微机母线保护适用于 220kV 及以上电压等级的双母主接线、双母双分主接线、单母分段主接线和单母主接线系统，SV 采样，GOOSE 跳闸。装置最大支持 24 个间隔（含母联）。根据国网"六统一"装置命名规范，适用于上述主接线系统的传统接线装置型号为 PCS-915A-DA-G，应用于上述主接线系统的前接线装置型号为 PCS-915A-FA-G。

PCS-915A-DA（FA）-G 型母线保护装置设有母线差动保护、母联死区保护、母联失灵保护、分段失灵保护、启动分段失灵以及断路器失灵保护功能，并可选配母联充电过流保护功能、母联非全相保护功能及线路失灵解除电压闭锁功能。选配功能配置见表 5-1。

表 5-1　　　　　　　　　　　选配功能配置表

选配功能名称	选配功能代码	选配功能说明
母联（分段）充电过流保护	M	功能同独立的母联（分段）过流保护
母联（分段）非全相保护	P	功能同线路保护的非全相保护
线路失灵解除电压闭锁	X	

　　PCS-915A-DA（FA）-G 为基础型号，如果增加选配功能，则在基础型号后增加选配功能代码。如 PCS-915A-DA（FA）-G-MPX 表示增加母联充电过流保护功能、母联非全相保护功能及线路失灵解除电压闭锁功能等选配功能。

　　适用于各种电压等级的双母双分段主接线方式。对于各种电压等级的双母双分段主接线方式，需要由两套 PCS-915GB 装置实现对双母双分段母线的保护。每套装置的保护范围均包括两个分段开关。

　　相关保护参数配置见表 5-2～表 5-6。

表 5-2　　　　　　　　　　　母线差动保护参数配置

项　　目	数　　值	项　　目	数　　值
母线差动保护整组动作时间	$<15\text{ms}$（差流 $I_d > 2I_{cdzd}$）	定值误差	$<2.5\%$ 或 $0.02I_n$

表 5-3　　　　　　　　　　　母联失灵保护参数配置

项　　目	数　　值	项　　目	数　　值
电流定值整定范围	$0.05I_n \sim 20.00I_n$	时间定值整定范围	$0.01 \sim 10.000\text{s}$
电流定值误差	$<2.5\%$ 或 $0.02I_n$	时间定值误差	$\leqslant 1\% + 2\text{ms}$

表 5-4　　　　　　　　　　　母联分段充电过流保护参数配置

项　　目	数　　值	项　　目	数　　值
相电流定值整定范围	$0.05I_n \sim 20.00I_n$	时间定值整定范围	$0.000 \sim 10.000\text{s}$
零序电流定值整定范围	$0.05I_n \sim 20.00I_n$	时间定值误差	$\leqslant 1\% + 2\text{ms}$
电流定值误差	$<2.5\%$ 或 $0.02I_n$		

表 5-5　　　　　　　　　　　母联分段非全相保护参数配置

项　　目	数　　值	项　　目	数　　值
零序电流定值整定范围	$0.05I_n \sim 20.00I_n$	时间定值整定范围	$0.000 \sim 10.000\text{s}$
负序电流定值整定范围	$0.05I_n \sim 20.00I_n$	时间定值误差	$\leqslant 1\% + 2\text{ms}$
电流定值误差	$<2.5\%$ 或 $0.02I_n$		

表 5-6　　　　　　　　　　　支路断路器失灵保护参数配置

项　　目	数　　值	项　　目	数　　值
相电流定值整定范围	$0.05I_n \sim 20.00I_n$	时间定值误差	$\leqslant 1\% + 2\text{ms}$
零序电流定值整定范围	$0.05I_n \sim 20.00I_n$	低电压定值整定范围	$0 \sim U_n$
负序电流定值整定范围	$0.05I_n \sim 20.00I_n$	零序电压定值整定范围	$0 \sim U_n$
电流定值误差	$<2.5\%$ 或 $0.02I_n$	负序电压定值正定范围	$0 \sim U_n$
时间定值整定范围	$0.000 \sim 10.000\text{s}$		

5.2 试验调试方法

5.2.1 PCS-915 母线保护装置、交流回路及开入回路检查

PCS-915 母线保护装置、交流回路及开入回路检查见表 5-7。

表 5-7　　　　　　　　　PCS-915 母线保护装置、交流回路及开入回路检查

项目	试验步骤、方法
装置检查	(1) 执行安全措施票，检查装置外观及信号是否正常。 (2) 打印、核对定值，检查装置参数、保护定值是否正确。 (3) 现象。 1) 打印机打印乱码——打印波特率设置有误。 2) 打印机不打印——打印机电源未开或接线错误、虚接等。 3) 打印机不走纸——进纸器未选择在连续纸位置。 ……
电压采样	(1) 检查电压回路完好性：从 I 母电压端子加入 $\dot{U}_A$：10∠0°V；$\dot{U}_B$：20∠240°V；$\dot{U}_C$：30∠120°V。 (2) 现象。 1) 某相无压——通道未映射或映射错误，导入 SCD 错误。 2) 三相电压采样不准，变比设置错误。 …… 说明：可根据电压采样值情况判断电压回路是否开路、短路等现象。 (3) 回路正常后，两段母线 TV 三相分别加入 1V、5V、30V、60V 电压进行电压采样精度检查
电流采样	(1) 检查电流回路完好性：从支路 L1 电流端子加入 $\dot{I}_A$：1∠0°A；$\dot{I}_B$：2∠240°A；$\dot{I}_C$：3∠120°A。 (2) 现象。 1) 某相电流采样值不正确——通道未映射或映射错误，导入 SCD 错误。 2) 三相无电流采样——SCD 制作错误，导入 IED 错误，SV 投入压板未投入。 3) 电流值为加入值的 1/5——装置参数中电流额定值被设置为 1A。 …… 说明：学员可根据电流采样值情况判断电流回路是否开路，短路等现象。 (3) 回路正常后，三相分别加入 0.5A、1A、5A、10A 电流进行电流采样精度检查
开入检查	(1) 进入装置菜单的保护状态下的开入显示，检查开入开位变位情况。 (2) 对压板、母联开关跳闸位置、复归、打印、隔离开关开入进行逐一检查。 (3) 现象。 1) 无 GOOSE 开入——未正确关联 SCD，导入错误。 2) 开入量全部为 0，投退压板无变化——开入公共端电源消失。 …… 说明：可根据开入量变化情况判断开入量是否正常

5.2.2 负荷平衡态校验

一次主接线如图 5-1 所示，负荷平衡态校验见表 5-8。

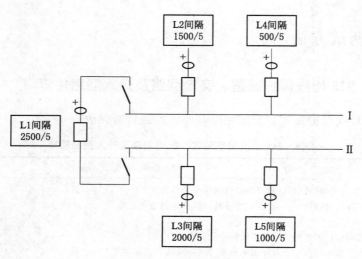

图 5-1　一次主接线图

表 5-8　　　　　　　PCS-915 母线保护装置母线保护负荷平衡态校验

试验项目	负荷平衡态校验
试验例题	母联支路 L1（2500/5），支路 L2（1500/5）、L4（500/5）接 I 母运行，L3（2000/5）、L5（1000/5）接 II 母运行，TA 基准变比为 2500/5；两段母线并列运行，电压正常。已知母联 L1（2500/5）和 L5 间隔 C 相一次电流均流出 II 母，母联一次电流幅值为 500A，L5 间隔一次电流幅值为 1000A，L4 流入 I 母一次电流为 300A。调整 L2、L3 支路电流，使差流平衡，屏上无任何告警、动作信号
试验条件	（1）软压板设置：投入"差动保护"软压板、投入 L1、L2、L3、L4、L5 "SV 接收"软压板。 （2）控制字设置："差动保护"置"1"。 （3）投入置检修硬压板。 （4）设置好各间隔变比和基准变比。 （5）"运行"指示灯亮
计算方法	（1）母联一次电流幅值为 500A，L5 间隔一次电流幅值为 1000A，L4 间隔一次电流幅值为 300A，则 L1 间隔二次电流为 500/2500×5＝1（A），换算为基准变比为 1A，L5 间隔二次电流为 1000/1000×5＝5（A），换算为基准变比为 2A，L4 间隔二次电流为 300/500×5＝3（A），换算为基准变比为 0.6A。 （2）L1、L5 电流均流出 II 母，L3 间隔电流应为流入 II 母且幅值为 L1、L5 之和，故 L3 间隔一次电流为 500＋1000＝1500（A），二次电流为 1500/2000×5＝3.75（A），换算为基准变比为 3A。 （3）L1、L4 电流均流入 I 母，L2 间隔电流应为流入 II 母且幅值为 L1、L4 之和，故 L3 间隔一次电流为 500＋300＝800（A），二次电流为 800/1500×5＝2.67（A），换算为基准变比为 1.6A。 （4）综上可得 Ll：1∠180°A；L2：2.67∠0°A；L3：3.75∠180°A；L4：3∠180°A；L5：5∠0°A
参数设置	（1）从 SD 卡中导入对应变电站整站 SCD。 （2）导入相应 IED 间隔作为被测对象。 （3）设置好电压及各支路变比、额定延时、采样率、通道映射。 （4）设置好各支路输出光口。 （5）将对应 GOOSE、SV 通道置检修

续表

试验项目	负 荷 平 衡 态 校 验		
负荷平衡态试验仪器设置状态触发条件为手动（手动方式）	$\dot{U}_A$：57.74∠0°V $\dot{U}_B$：57.74∠240°V $\dot{U}_C$：57.74∠120°V	L1：1∠180°A L2：2.67∠0°A L3：3.75∠180°A L4：3∠180°A L5：5∠0°A	状态触发条件为手动控制
装置显示	差流为0		
装置报文	无		
装置指示灯	无		
注意事项	（1）如果某一加入电流支路在装置上无显示，检查各间隔"SV投入"软压板。此压板退出时，装置在计算差流时不计入该支路电流，该支路电流通道品质、是否通信中断不影响装置行为，显示电流为0。 （2）根据说明书知，各支路TA的同名端在母线侧，母联TA同名端在Ⅰ母侧。 （3）各通道延时需要设置一致，且与装置中整定额定延时一致，不一致时会影响差流计算，显示错误差流值。 （4）互联压板不能投入，因为投入后保护装置不计算小差差流，存在母联电流计算错误或接线错误，但装置无告警的情况。 （5）装置所加电压电流量与装置检修状态一致，如果所加电压与装置检修状态不一致，则开放差动保护电压闭锁，如果某一间隔所加电流与装置检修压板状态不一致且间隔"SV投入"软压板投入时，将闭锁差动保护。 （6）装置变比或试验仪变比设置错误时会使采样电流不准		
思考	如何通过基准变比进行计算？		

5.2.3　差动保护检验

5.2.3.1　差动保护检验

母线差动保护的工作框图（以Ⅰ母为例）如图5-2所示。

为防止在母联开关断开的情况下，弱电源侧母线发生故障时大差比率差动元件的灵敏度不够，比例差动元件的比率制动系数设高、低两个定值：大差高值固定取0.5，小差高值固定取0.6；大差低值固定取0.3，小差低值固定取0.5。当大差高值和小差低值同时动作，或大差低值和小差高值同时动作时，比例差动元件动作。

母线差动保护由分相式比率差动元件构成，TA极性要求为：若支路TA同名端在母线侧，则母联TA同名端在Ⅰ母侧（装置内部只认母线的物理位置，与编号无关，如果母线编号的定义与示意图不符，母联同名端的朝向以物理位置为准），如图5-3所示。差动回路包括母线大差回路和各段母线小差回路：母线大差回路是指除母联开关和分段开关外所有支路电流所构成的差动回路；某段母线的小差回路是指该段母线上所连接的所有支路（包括母联和分段开关）电流所构成的差动回路。母线大差比率差动用于判别母线区内和区外故障，小差比率差动用于故障母线的选择。

137

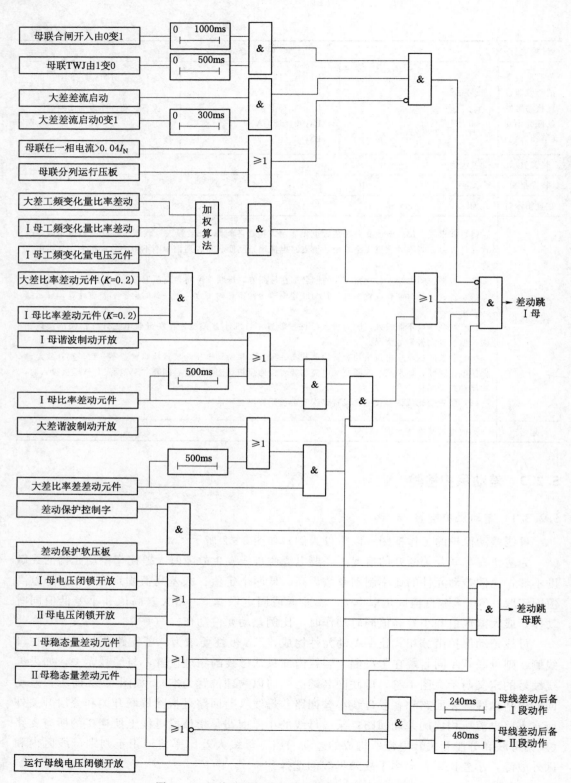

图 5 - 2　母线差动保护的工作框图（以 Ⅰ 母为例）

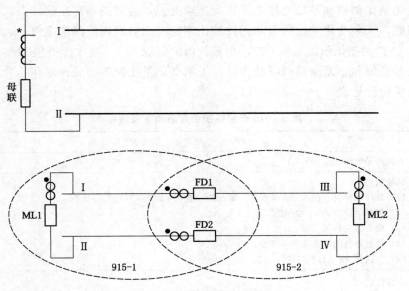

图 5 - 3   主接线示意图

5.2.3.2   比率差动元件

常规比率差动元件动作判据为

$$\begin{cases} \left| \sum_{j=1}^{m} I_j \right| > I_{cdzd} \\ \left| \sum_{j=1}^{m} I_j \right| > K \sum_{j=1}^{m} |I_j| \end{cases} \qquad (5-1)$$

式中 K——比率制动系数；

I_j——第 j 个连接元件的电流；

I_{cdzd}——差动电流启动定值。

其动作特性曲线如图 5-4 所示。

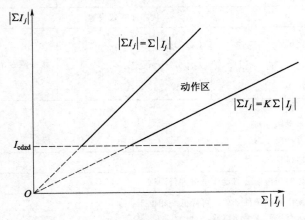

图 5 - 4   比例差动元件动作特性曲线

工频变化量比例制动系数与稳态量比例差动类似，为解决不同主接线方式下制动系数灵敏度的问题，工频变化量比例差动元件的比率制动系数设高低两个定值：大差和小差高值固定取 0.65；大差低值固定取 0.3，小差低值固定取 0.5。当大差高值和小差低值同时动作，或大差低值和小差高值同时动作时，工频变化量比例差动元件动作。

差动保护检验见表 5 - 9～表 5 - 11。

表 5 - 9　　　　　　　　**PCS - 915 母线保护装置启动定值检验**

试验项目	差动启动定值检验		
相关定值	差动启动电流 $I_{cdzd}=0.9\text{A}$		
试验条件	试验条件： (1) 软压板设置：投入"差动保护"软压板、投入 L2"SV 接收"软压板。 (2) 控制字设置："差动保护"置"1"。 (3) 投入置检修硬压板。 (4) 设置好各间隔变比和基准变比。 (5) "运行"指示灯亮		
计算方法	计算公式： L2 支路启动定值：$I_{dz}=\dfrac{I_{cdzd}}{\text{支路 TA 变比}/\text{基准 TA 变比}}$ $=\dfrac{0.9}{(1500/5)/(2500/5)}$ $=1.5$（A） 当 $m=1.05$ 倍时，$I=1.5\times1.05=1.575$（A）。 当 $m=0.95$ 倍时，$I=1.5\times0.95=1.425$（A）。 测试时间，$m=2$，$I=1.5\times2=3$（A）。 其他支路类似		
$m=1.05$ 时仪器设置（以状态序列为例）	状态 1 参数设置		
	$\dot{U}_A$: 57.74∠0°V $\dot{U}_B$: 57.74∠240°V $\dot{U}_C$: 57.74∠120°V	$\dot{I}_A$: 0∠0°A $\dot{I}_B$: 0∠0°A $\dot{I}_C$: 0∠0°A	状态触发条件：手动控制
	状态 2 参数设置		
	$\dot{U}_A$: 57.74∠0°V $\dot{U}_B$: 57.74∠240°V $\dot{U}_C$: 25∠120°V	$\dot{I}_A$: 0∠0°A $\dot{I}_B$: 0∠0°A $\dot{I}_C$: 1.575∠0°A	状态触发条件：时间控制为 0.1s
装置报文	(1) 差动跳母联。 (2) 变化量差动跳Ⅰ母。 (3) 稳态量差动跳Ⅰ母。		
装置指示灯	跳Ⅰ母、母联保护		
说明	差动保护动作时间应以 2 倍动作电流进行测试		
注意事项	(1) 为保证复压闭锁条件开放，可降低一相电压。 (2) 可采用状态序列或手动试验		
思考	启动定值试验能否用母联间隔进行校验，为什么？		

表 5 - 10　　　　　　　　　**PCS - 915 母线保护装置比率制动系数校验**

试验项目	大差比率制动系数低值、小差比率制动系数高值校验
相关定值	大差比率制动系数低值：0.3，小差比率制动系数高值：0.6
试验例题	(1) 运行方式为：支路 L3 合于Ⅰ母；支路 L2 合于Ⅱ母，双母线并列运行。 (2) 变比：L2（2000/5）、L3（2000/5）、L1（2000/5）。 (3) 基准变比：2000/5。 (4) 试验要求：Ⅰ母 C 相故障，验证大差比率制动系数低值：0.3，小差比率制动系数高值：0.6，做 2 个点
试验条件	(1) 软压板设置：投入"差动保护"软压板、投入 L1、L2、L3 "SV 接收"软压板。 (2) 控制字设置："差动保护"置"1"。 (3) 投入置检修硬压板。 (4) 设置好各间隔变比和基准变比。 (5) "运行"指示灯亮
计算方法	以单独外加量的支路为变量（例题 L2 支路），先按平衡态值求出第一点，再在第一点基础上将各支路外加量乘或除以一个系数求出第二点。 设母联电流为 I_1，L2 间隔电流为 I_2，L3 间隔电流为 I_3，则大差 $I_d = I_2 - I_3$，$I_r = I_2 + I_3$，Ⅰ母小差 $I_d = I_2 - I_1$，$I_r = I_1 + I_2$ 大差 $I_d > K_r I_r$　$I_d > 0.3 I_r$ $I_2 - I_3 > 0.3 (I_2 + I_3)$ $I_2 > 1.857 I_3$ 小差 $I_d > K_r I_r$　$I_d > 0.6 I_r$ $I_2 - I_1 > 0.6 (I_2 + I_1)$ $I_2 > 4 I_1$ 满足动作条件 求得：第一点，令 $I_2 = 8A$，则 $I_1 = 2A$，$I_3 = 4.31A$ 第二点，令 $I_2 = 10A$，则 $I_1 = 2.5A$，$I_3 = 5.39A$
参数设置	(1) 从 SD 卡中导入对应变电站整站 SCD。 (2) 导入相应 IED 间隔作为被测对象。 (3) 设置好电压及各支路变比、额定延时、采样率、通道映射。 (4) 设置好各支路输出光口。 (5) 将对应 GOOSE、SV 通道置检修

大差比率制动系数试验仪器设置（以状态序列为例）第一点	状态 1 参数设置		
	Ⅰ母电压、Ⅱ母电压 $\dot{U}_A$：57.74∠0°V $\dot{U}_B$：57.74∠240°V $\dot{U}_C$：57.74∠120°V	L1：0∠0°A L2：0∠0°A L3：0∠0°A	状态触发条件：手动控制
	状态 2 参数设置		
	Ⅰ母电压、Ⅱ母电压 $\dot{U}_A$：57.74∠0°V $\dot{U}_B$：57.74∠240°V $\dot{U}_C$：0∠120°V	L1：2∠0°A L2：8∠0°A L3：4.31∠180°A	状态触发条件：时间控制为 0.1s

续表

试验项目	大差比率制动系数低值、小差比率制动系数高值校验		
大差比率制动系数试验仪器设置（以状态序列为例）第二点	状态 1 参数设置		
	I 母电压、II 母电压 $\dot{U}_A$: 57.74∠0°V $\dot{U}_B$: 57.74∠240°V $\dot{U}_C$: 57.74∠120°V	L1: 0∠0°A L2: 0∠0°A L3: 0∠0°A	状态触发条件：手动控制
	状态 2 参数设置		
	I 母电压、II 母电压 $\dot{U}_A$: 57.74∠0°V $\dot{U}_B$: 57.74∠240°V $\dot{U}_C$: 0∠120°V	L1: 2.5∠0°A L2: 10∠0°A L3: 5.39∠180°A	状态触发条件：时间控制为 0.1s
装置报文	(1) 差动跳母联。 (2) 变化量差动跳 I 母。 (3) 稳态量差动跳 I 母。 (4) 变化量差动跳 II 母。 (5) 稳态量差动跳 II 母		
装置指示灯	跳 I 母、跳 II 母、母联保护		
注意事项	(1) 如果某一加入电流支路在装置上无显示，检查各间隔"SV 投入"软压板。此压板退出时，装置在计算差流时不计入该支路电流，该支路电流通道品质、是否通信中断不影响装置行为，显示电流为 0。 (2) 根据说明书知，各支路 TA 的同名端在母线侧，母联 TA 同名端在 I 母侧。 (3) 各通道延时需要设置一致，且与装置中整定额定延时一致，不一致时会影响差流计算，显示错误差流值。 (4) 互联压板不能投入，因为投入后保护装置不计算小差差流，存在母联电流计算错误或接线错误，但装置无告警的情况。 (5) 装置所加电压电流量与装置检修状态一致，如果所加电压与装置检修状态不一致，则开放差动保护电压闭锁，如果某一间隔所加电流与装置检修压板状态不一致且间隔"SV 投入"软压板投入时，将闭锁差动保护。 (6) 装置变比或试验仪变比设置错误时会使采样电流不准		
思考	若此时 I 母故障，要验证大差比率制动系数高值，各支路该如何加量，如何接线？		

表 5 - 11　　　　　**PCS - 915 母线保护装置比率制动系数校验**

试验项目	大差比率制动系数高值，小差比率制动系数低值校验
相关定值	大差比率制动系数高值：0.5，小差比率制动系数低值：0.5
试验例题	(1) 运行方式为：支路 L2、L4 合于 II 母。 (2) 变比：L2 (2000/5)、L4 (2000/5)、L1 (2000/5)。 (3) 基准变比：2000/5。 (4) 试验要求：II 母 C 相故障，验证大差比率制动系数低值：0.3，小差比率制动系数高值：0.6，做 2 个点

续表

试验项目	大差比率制动系数高值，小差比率制动系数低值校验		
试验条件	(1) 软压板设置：投入"差动保护"软压板、投入 L1、L2、L4 "SV 接收"软压板。 (2) 控制字设置："差动保护"置"1"。 (3) 投入置检修硬压板。 (4) 设置好各间隔变比和基准变比。 (5) "运行"指示灯亮		
计算方法	设置 I 母平衡： 以单独外加量的支路为变量（例题 L2 支路），先按平衡态值求出第一点，再在第一点基础上将各支路外加量乘或除以一个系数求出第二点。 设母联电流 $I_1=0$，L2 间隔电流为 I_2，L4 间隔电流为 I_4，则大差＝小差 $I_d=I_2-I_4$，$I_r=I_2+I_4$ $I_d>K_rI_r$ $I_d>0.5\times I_r$ $I_2-I_4>0.5\ (I_2+I_4)$ $I_2>3I_4$ 满足动作条件 求得：第一点，令 $I_4=3A$，则 $I_2=9A$ 第二点，令 $I_4=4A$，则 $I_2=12A$		
小差比率制动系数试验仪器设置（以状态序列为例）第一点	状态1参数设置		
	II 母电压 $\dot{U}_A$: 57.74∠0°V $\dot{U}_B$: 57.74∠240°V $\dot{U}_C$: 57.74∠120°V	L1: 0∠0°A L2: 0∠0°A L4: 0∠0°A	状态触发条件：手动控制
	状态2参数设置		
	II 母电压 $\dot{U}_A$: 57.74∠0°V $\dot{U}_B$: 57.74∠240°V $\dot{U}_C$: 25∠120°V	L1: 0∠0°A L2: 9∠0°A L4: 3∠180°A	状态触发条件：时间控制为 0.1s
小差比率制动系数试验仪器设置（以状态序列为例）第二点	状态1参数设置		
	II 母电压 $\dot{U}_A$: 57.74∠0°V $\dot{U}_B$: 57.74∠240°V $\dot{U}_C$: 57.74∠120°V	L1: 0∠0°A L2: 0∠0°A L4: 0∠0°A	状态触发条件：手动控制
	状态2参数设置		
	II 母电压 $\dot{U}_A$: 57.74∠0°V $\dot{U}_B$: 57.74∠240°V $\dot{U}_C$: 25∠120°V	L1: 0∠0°A L2: 12∠0°A L4: 4∠180°A	状态触发条件：时间控制为 0.1s

续表

试验项目	大差比率制动系数高值，小差比率制动系数低值校验
装置报文	（1）差动跳母联。 （2）变化量差动跳Ⅱ母。 （3）稳态量差动跳Ⅱ母
装置指示灯	跳Ⅱ母、母联保护
注意事项	（1）如果某一加入电流支路在装置上无显示，检查各间隔"SV 投入"软压板。此压板退出时，装置在计算差流时不计入该支路电流，该支路电流通道品质、是否通信中断不影响装置行为，显示电流为 0。 （2）根据说明书知，各支路 TA 的同名端在母线侧，母联 TA 同名端在Ⅰ母侧。 （3）各通道延时需要设置一致，且与装置中整定额定延时一致，不一致时会影响差流计算，显示错误差流值。 （4）互联压板不能投入，因为投入后保护装置不计算小差差流，存在母联电流计算错误或接线错误，但装置无告警的情况。 （5）装置所加电压电流量与装置检修状态一致，如果所加电压与装置检修状态不一致，则开放差动保护电压闭锁，如果某一间隔所加电流与装置检修压板状态不一致且间隔"SV 投入"软压板投入时，将闭锁差动保护。 （6）装置变比或试验仪变比设置错误时会使采样电流不准。 （7）为保证复压闭锁条件开放，可降低一相电压
思考	如果要求母联有电流，计算小差，还应考虑什么因素？

5.2.4　复压闭锁与 TV 断线判别功能

电压闭锁元件其判据为

$$U_\varphi \leqslant U_{bs} \quad 3U_0 \geqslant U_{0bs} \quad U_2 \geqslant U_{2bs} \tag{5-2}$$

式中　U_φ——相电压；

　　$3U_0$——三倍零序电压（自产）；

　　U_2——负序相电压；

　　U_{bs}——相电压闭锁值，固定为 $0.7U_n$；

U_{0bs}，U_{2bs}——零序、负序电压闭锁值，分别固定为 6V 和 4V。

以上三个判据任一个满足时，电压闭锁元件开放。在动作于故障母线跳闸时必须经相应的母线电压闭锁元件闭锁。对于双母双分的分段开关来说，差动跳分段不需经电压闭锁。差动保护电压闭锁校验见表 5-12。

表 5-12　　　　　　　　　　　差动保护电压闭锁元件校验

试验项目	差动保护电压闭锁元件校验
相关定值	$U_{bs}=0.7U_n$；$U_{0bs}=6V$；$U_{2bs}=4V$
试验例题	（1）运行方式为：支路 L2、L4 合于Ⅱ母。 （2）变比：L2（2000/5）、L4（2000/5）、L1（2000/5）。 （3）基准变比：2000/5。 （4）试验要求：Ⅱ母 C 相故障，验证电压闭锁定值

续表

试验项目	差动保护电压闭锁元件校验		
试验条件	（1）软压板设置：投入"差动保护"软压板，投入 L1、L2、L4 "SV 接收"软压板。 （2）控制字设置："差动保护"置"1"。 （3）投入置检修硬压板。 （4）设置好各间隔变比和基准变比。 （5）"运行"指示灯亮		
计算方法	低电压定值校验：$U_{bs}=0.7U_n$，将某段母线每一项正序电压降低为 $57.74\times0.7\times0.95=38.40$（V），则元件开放；$57.74\times0.7\times1.05=42.44$（V），则元件闭锁。 零序电压定值校验：$U_{0bs}=6V$，$U_A+U_B+U_C=3U_0>6V$，保持 U_A、U_B 不变，U_C 降低 6V，角度不变。 负序电压定值校验：$U_{2bs}=4V$，$U_A+a^2U_B+aU_C=3U_2$		
差动保护电压闭锁元件校验（手动方式）	相电压闭锁值 U_{bs} 参数设置		
	$\dot{U}_A$：57.74∠0°V $\dot{U}_B$：57.74∠240°V $\dot{U}_C$：57.74∠120°V	L1：0.1∠0°A L2：0.1∠0°A L4：0.1∠0°A	
	$\dot{U}_A$：38.4∠0°V $\dot{U}_B$：38.4∠240°V $\dot{U}_C$：38.4∠120°V	L1：0.1∠0°A L2：0.1∠0°A L4：0.1∠0°A	低电压闭锁开放
	$\dot{U}_A$：42.44∠0°V $\dot{U}_B$：42.44∠240°V $\dot{U}_C$：42.44∠120°V	L1：0.1∠0°A L2：0.1∠0°A L4：0.1∠0°A	低电压闭锁不开放
	零序电压闭锁值 U_{0bs} 参数设置		
	$\dot{U}_A$：57.74∠0°V $\dot{U}_B$：57.74∠240°V $\dot{U}_C$：57.74∠120°V	$\dot{I}_A$：0∠0°A $\dot{I}_B$：0∠0°A $\dot{I}_C$：0∠0°A	
	$\dot{U}_A$：57.74∠0°V $\dot{U}_B$：57.74∠240°V $\dot{U}_C$：50.74∠120°V	$\dot{I}_A$：0∠0°A $\dot{I}_B$：0∠0°A $\dot{I}_C$：0∠0°A	零序电压闭锁开放
	负序电压闭锁值 U_{2bs} 参数设置		
	$\dot{U}_A$：57.74∠0°V $\dot{U}_B$：57.74∠240°V $\dot{U}_C$：57.74∠120°V	$\dot{I}_A$：0∠0°A $\dot{I}_B$：0∠0°A $\dot{I}_C$：0∠0°A	
	$\dot{U}_A$：57.74∠0°V $\dot{U}_B$：57.74∠240°V $\dot{U}_C$：45∠120°V	$\dot{I}_A$：0∠0°A $\dot{I}_B$：0∠0°A $\dot{I}_C$：0∠0°A	负序电压闭锁开放

续表

试验项目	差动保护电压闭锁元件校验
装置报文	"Ⅰ母电压闭锁开放"或"Ⅱ母电压闭锁开放"
装置指示灯	无
注意事项	在验证低电压开放母差时,三相需在有电流情况下验证。 (1) 复压闭锁定值由装置固化,不能整定。 (2) 零序电压闭锁值 U_{0bs} 为自产零序电压 $3U_0$,负序电压闭锁值 U_{2bs} 为负序相电压。 (3) 采用手动试验方式

5.2.5 自动识别充电状态功能

为防止母联充电到死区故障误跳运行母线,在充电预备状态下(母联 TWJ 为 1 且两母线未全在运行状态),检测到母联合闸开入由 0 变 1,则从大差差流启动开始的 300ms 内闭锁差动跳母线,差动跳母联(分段)则不经延时。母联 TWJ 返回大于 500ms 或母联合闸开入正翻转 1s 后,母差功能恢复正常。另外,如果充电过程中母联有流或者母联分列运行压板投入,说明非充电到死区故障情况,立即解除跳母线的延时,其校验见表 5 - 13。

表 5 - 13　　　　　　　PCS - 915 母线保护装置充电死区校验

试验项目	充电死区校验
相关定值	差动比率制动系数:0.3;差动启动电流 $I_{cdzd}=0.9A$
试验例题	(1) 运行方式为:支路 L3 合于Ⅰ母运行;母联、Ⅱ母热备用状态。 (2) 变比:L3 (2000/5)、L1 (2000/5)。 (3) 基准变比:2000/5。 (4) 试验要求:模拟由Ⅰ母向Ⅱ母充电,母联死区存在故障时母线差动保护的动作行为
试验条件	(1) 软压板设置:投入"差动保护"软压板,投入 L1、L3 "SV 接收"软压板。 (2) 控制字设置:"差动保护"置"1"。 (3) 投入置检修硬压板。 (4) 设置好各间隔变比和基准变比。 (5) "运行"指示灯亮。 (6) L3 强制Ⅰ母。 (7) 母联 TWJ 处于分位状态
计算方法	充电死区时,Ⅰ母支路出现故障电流,母联电流为零。 I_1 为母联电流,I_3 为 L3 支路电流
参数设置	(1) 从 SD 卡中导入对应变电站整站 SCD。 (2) 导入相应 IED 间隔作为被测对象。 (3) 设置好电压及各支路变比、额定延时、采样率、通道映射。 (4) 设置好各支路输出光口。 (5) 将对应 GOOSE、SV 通道置检修

续表

试验项目	充电死区校验		
充电闭锁功能试验仪器设置（状态序列）	状态 1 参数设置		
	Ⅰ母电压 $\dot{U}_A$：57.74∠0°V $\dot{U}_B$：57.74∠240°V $\dot{U}_C$：57.74∠120°V Ⅱ母电压为零 $\dot{U}_A$：0∠0°V $\dot{U}_B$：0∠240°V $\dot{U}_C$：0∠120°V	I_1：0∠0°A I_3：0∠0°A	手动触发
	状态 2 参数设置		
	Ⅰ母电压 $\dot{U}_A$：0∠0°V $\dot{U}_B$：57.74∠240°V $\dot{U}_C$：57.74∠120°V Ⅱ母电压 $\dot{U}_A$：0∠0°V $\dot{U}_B$：57.74∠240°V $\dot{U}_C$：57.74∠120°V	L3：3∠180°A L1：0∠0°A	母联 SHJ 为 1 母联 TWJ 为 1 时间触发 100ms
装置报文	3ms 差动跳母联		
装置指示灯	差动跳母联		
注意事项	(1) 充电闭锁功能只开放 300ms，正常情况下，充电闭锁功能跳开母联开关后就已将故障点隔离。 (2) 采用状态序列。 (3) 无须校验定值，但所输入的故障量应大于差动定值。 (4) SGB-750 母线保护装置保护的充电闭锁功能相当于 BP-2C 的充电至死区保护，其故障点位于母联开关与母联 TA 之间		
思考	(1) 如果母联有电流，故障点在哪里？差动保护会如何动作？是否还是充电闭锁功能？ (2) 与母联分位死区的区别是什么？ (3) 自行验证状态 2 时间小于 0.3s 时的动作行为		

母线差动保护的工作框图（以Ⅰ母为例）如图 5-5 所示。

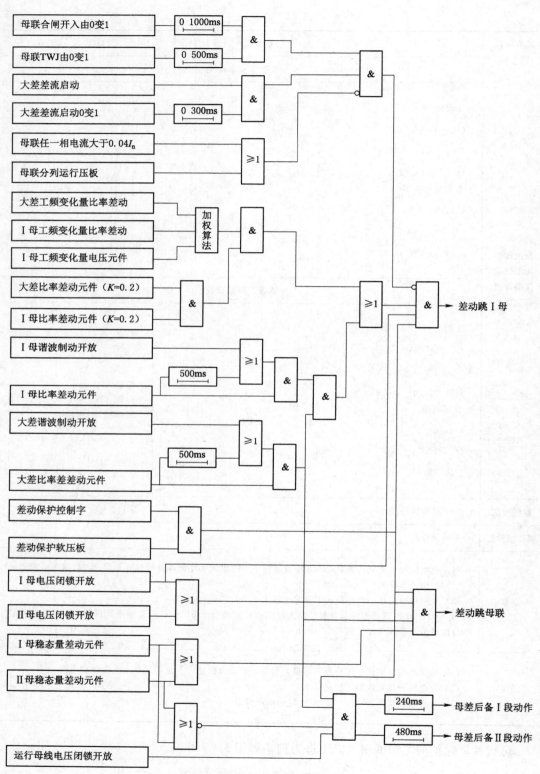

图 5 - 5　母线差动保护的工作框图（以Ⅰ母为例）

5.2.6 母联（分段）断路器失灵保护

当母线差动保护动作向母联发跳令后，或者母联过流保护动作向母联发跳令后，经整定延时，母联电流如果仍然大于母联失灵电流定值，则母联失灵保护经各母线电压闭锁分别跳相应的母线。母联失灵保护功能固定投入。

装置具备外部保护启动本装置的母联失灵保护功能，当装置检测到"母联_三相启动失灵开入"后，经整定延时，母联电流如果仍然大于母联失灵电流定值，则母联失灵保护分别经相应母线电压闭锁后经母联分段失灵时间切除相应母线上的分段开关及其他所有连接元件。该开入若保持10s不返回，装置报"母联失灵长期启动"，同时退出该启动功能。逻辑框图如图5-6所示。

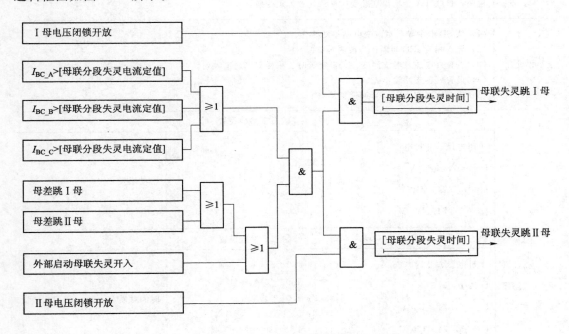

图5-6 母联（分段）断路器失灵保护逻辑框图

母联保护校验见表5-14。

表5-14 　　　　　　　　PCS-915母线保护装置母联保护校验

试验项目	母联失灵保护校验
相关定值	母联分段失灵电流定值：1A；母联分段失灵时间：0.2s
试验例题	(1) 运行方式为：支路L3合于Ⅰ母运行；支路L2合于Ⅰ母运行；母联合位。 (2) 变比：L2（2000/5）、L3（2000/5）、L1（2000/5）。 (3) 基准变比：2000/5。 (4) 试验要求：模拟Ⅰ母故障后，母联失灵，切除两条母线

续表

试验项目	母联失灵保护校验		
试验条件	(1) 软压板设置：投入"差动保护"软压板、投入 L1、L2、L3 "SV 接收"软压板。 (2) 控制字设置："差动保护"置"1"。 (3) 投入置检修硬压板。 (4) 设置好各间隔变比和基准变比。 (5) "运行"指示灯亮。 (6) L3 强制Ⅰ母、L2 强制Ⅱ母。 (7) 母联 TWJ 处于合位状态		
计算方法	$m=1.05$　$I=1.05×1=1.05$（A）； $m=0.95$　$I=0.95×1=0.95$（A）； 说明：母联 TA 变比与基准变比一致，故无须变换		
参数设置	(1) 从 SD 卡中导入对应变电站整站 SCD。 (2) 导入相应 IED 间隔作为被测对象。 (3) 设置好电压及各支路变比、额定延时、采样率、通道映射。 (4) 设置好各支路输出光口。 (5) 将对应 GOOSE、SV 通道置检修		
试验仪器设置（状态序列 $m=1.05$）	状态 1 参数设置		
	Ⅰ母电压、Ⅱ母电压 $\dot{U}_A$：57.74∠0°V $\dot{U}_B$：57.74∠240°V $\dot{U}_C$：57.74∠120°V	L1：0∠0°A L2：0∠0°A L3：0∠0°A	手动触发
	状态 2 参数设置		
	Ⅰ母电压、Ⅱ母电压 $\dot{U}_A$：0∠0°V $\dot{U}_B$：57.74∠240°V $\dot{U}_C$：57.74∠120°V	L1：1.05∠0°A L2：1.05∠0°A L3：5∠0°A	时间触发 0.1s
	状态 3 参数设置		
	Ⅰ母电压、Ⅱ母电压 $\dot{U}_A$：0∠0°V $\dot{U}_B$：57.74∠240°V $\dot{U}_C$：57.74∠120°V	L1：1.05∠0°A L2：1.05∠0°A L3：5∠0°A	时间触发 0.25s
装置报文	(1) 差动跳母联。 (2) 变化量差动跳Ⅰ母。 (3) 稳态量差动跳Ⅰ母。 (4) 母联失灵保护。 (5) 稳态量差动跳Ⅱ母		

试验项目	母联失灵保护校验		
装置指示灯	跳Ⅰ母、跳Ⅱ母、母联保护、Ⅰ母失灵、Ⅱ母失灵		
试验仪器设置（状态序列 $m=0.95$）	状态 1 参数设置		
	Ⅰ母电压、Ⅱ母电压 $\dot{U}_A$：57.74∠0°V $\dot{U}_B$：57.74∠240°V $\dot{U}_C$：57.74∠120°V	L1：0∠0°A L2：0∠0°A L3：0∠0°A	手动触发
	状态 2 参数设置		
	Ⅰ母电压、Ⅱ母电压 $\dot{U}_A$：0∠0°V $\dot{U}_B$：57.74∠240°V $\dot{U}_C$：57.74∠120°V	L1：0.95∠0°A L2：0.95∠0°A L3：5∠0°A	时间触发 0.1s
	状态 3 参数设置		
	Ⅰ母电压、Ⅱ母电压 $\dot{U}_A$：0∠0°V $\dot{U}_B$：57.74∠240°V $\dot{U}_C$：57.74∠120°V	L1：0.95∠0°A L2：0.95∠0°A L3：0∠0°A	时间触发 0.25s
装置报文	(1) 差动跳母联。 (2) 变化量差动跳Ⅰ母。 (3) 稳态量差动跳Ⅰ母		
装置指示灯	跳Ⅰ母		
注意事项	电流定值应换算到基准变比		
思考	什么保护会启动母联失灵保护？		

5.2.7 母联（分段）断路器失灵保护

当母线差动保护动作向母联发跳令后，或者母联过流保护动作向母联发跳令后，经整定延时，母联电流如果仍然大于母联失灵电流定值，则母联失灵保护经各母线电压闭锁分别跳相应的母线。母联失灵保护功能固定投入。

装置具备外部保护启动本装置的母联失灵保护功能，当装置检测到"母联_三相启动失灵开入"后，经整定延时，母联电流如果仍然大于母联失灵电流定值，则母联失灵保护分别经相应母线电压闭锁后经母联分段失灵时间切除相应母线上的分段开关及其他所有连接元件。该开入若保持 10s 不返回，装置报"母联失灵长期启动"，同时退出该启动功能。逻辑框图如图 5-7 所示。

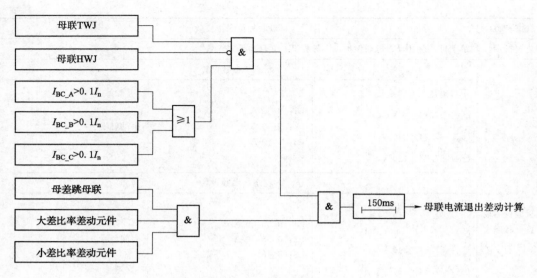

图 5 - 7　逻辑框图

表 5 - 15　　　　　　　PCS - 915 母线保护装置母联合位死区保护校验

试验项目	母联合位死区保护校验
相关定值	差动比率制动系数：0.3；差动启动电流 $I_{cdzd}=0.9A$
试验例题	(1) 运行方式为：支路 L3 合于Ⅰ母运行；支路 L2 合于Ⅱ母，双母线并列运行。 (2) 变比：L2（20005）、L3（2000/5）、L1（2000/5）。 (3) 基准变比：2000/5。 (4) 试验要求：模拟母联开关合位死区保护动作
试验条件	(1) 软压板设置：投入"差动保护"软压板，投入 L1、L2、L3 "SV 接收"软压板。 (2) 控制字设置："差动保护"置"1"。 (3) 投入置检修硬压板。 (4) 设置好各间隔变比和基准变比。 (5) "运行"指示灯亮。 (6) L3 强制Ⅰ母、L2 强制Ⅱ母。 (7) 母联 TWJ 处于合位状态
计算方法	设母联 TA 装在母联靠Ⅱ母侧，母联电流为 I_1，L2 支路电流为 I_2，L3 支路电流为 I_3。 初始状态电流为零，电压正常。 故障时刻，Ⅱ母出现故障电流，母联出现故障电流，Ⅰ母有差流，Ⅱ母平衡无差流。 $I_1+I_2=0$；I_1+I_3 大于差流动作值
参数设置	(1) 从 SD 卡中导入对应变电站整站 SCD。 (2) 导入相应 IED 间隔作为被测对象。 (3) 设置好电压及各支路变比、额定延时、采样率、通道映射。 (4) 设置好各支路输出光口。 (5) 将对应 GOOSE、SV 通道置检修

试验项目	母联合位死区保护校验		
试验仪器设置（状态序列）	状态 1 参数设置		
	Ⅰ母电压、Ⅱ母电压 $\dot{U}_A$：57.74∠0°V $\dot{U}_B$：57.74∠240°V $\dot{U}_C$：57.74∠120°V	L1：0∠0°A L2：0∠0°A L3：0∠0°A	手动触发
	状态 2 参数设置		
	Ⅰ母电压、Ⅱ母电压 $\dot{U}_A$：0∠0°V $\dot{U}_B$：57.74∠240°V $\dot{U}_C$：57.74∠120°V	L1：5∠0°A L2：5∠0°A L3：0∠0°A	时间触发 300ms
装置报文	(1) 3ms 差动跳母联，变化量差动跳Ⅰ母，稳态量差动跳Ⅰ母。 (2) 190ms 母联死区动作保护		
装置指示灯	跳Ⅰ母、跳Ⅱ母、母联保护		
注意事项	(1) 母联开关合位死区故障指的是故障点位于母联开关和母联 TA 之间，母联 TA 安装位置会影响先跳哪一段母线。根据题意，母联 TA 应该安装在母联开关与Ⅱ母之间，为Ⅰ母保护区内。注意：母联 TA 安装位置可在母联开关两侧，但 TA 的同名端始终靠Ⅰ母。 (2) 进行试验时，后跳的母线的小差可以没有差流，但支路（非母联）必须要有电流。 (3) 合位死区保护延时 150ms，为固有延时，不能整定。 (4) 母联 TWJ 要变位		
思考	母联合位死区保护和分位死区保护的区别是什么？		

为防止母联在跳位时发生死区故障而将母线全切除，当保护未启动、两母线处运行状态、母联分列运行压板投入且母联在跳位时，母联电流不计入小差。逻辑框图如图 5-8所示。

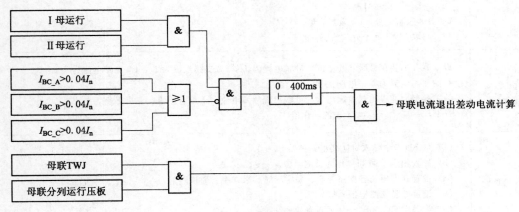

图 5-8 逻辑框图

　　双母双分主接线的分段开关分位死区保护不需要判别母线运行条件，逻辑如图 5 - 9 所示，校验见表 5 - 16。

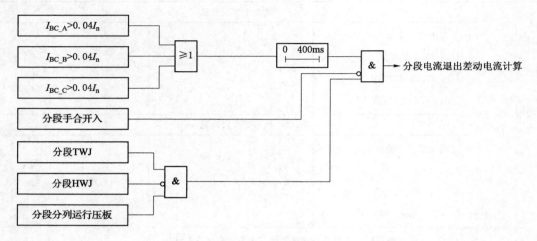

图 5 - 9　逻辑框图

表 5 - 16　　　　　　　　PCS - 915 母线保护装置母联分位死区保护校验

试验项目	母联分位死区保护校验
相关定值	差动比率制动系数：0.3；差动启动电流 $I_{cdzd}=0.9A$
试验例题	(1) 运行方式为：支路 L3 合于 Ⅰ 母运行；支路 L2 合于 Ⅱ 母，双母线分列运行。 (2) 变比：L2 (20005)、L3 (2000/5)、L1 (2000/5)。 (3) 基准变比：2000/5。 (4) 试验要求：模拟母联开关分位死区保护动作
试验条件	(1) 软压板设置：投入 "差动保护" 软压板，投入 L1、L2、L3 "SV 接收" 软压板，投入 "分列运行" 软压板。 (2) 控制字设置："差动保护" 置 "1"。 (3) 投入置检修硬压板。 (4) 设置好各间隔变比和基准变比。 (5) "运行" 指示灯亮。 (6) L3 强制 Ⅰ 母、L2 强制 Ⅱ 母。 (7) 母联 TWJ 处于分位状态
计算方法	设母联 TA 装在母联靠 Ⅱ 母侧，母联电流为 I_1，L2 支路电流为 I_2，L3 支路电流为 I_3。 初始状态电流为零，电压正常。 故障时刻，Ⅱ 母出现故障电流，母联出现故障电流，Ⅰ 母有差流，Ⅱ 母平衡无差流。 $I_1+I_2=0$；I_1+I_3 大于差流动作值
参数设置	(1) 从 SD 卡中导入对应变电站整站 SCD。 (2) 导入相应 IED 间隔作为被测对象。 (3) 设置好电压及各支路变比、额定延时、采样率、通道映射。 (4) 设置好各支路输出光口。 (5) 将对应 GOOSE、SV 通道置检修

试验项目	母联分位死区保护校验		
	状态1参数设置		
	Ⅰ母电压、Ⅱ母电压 $\dot{U}_A$：57.74∠0°V $\dot{U}_B$：57.74∠240°V $\dot{U}_C$：57.74∠120°V	L1：0∠0°A L2：0∠0°A L3：0∠0°A	手动触发
试验仪器设置（状态序列）	状态2参数设置		
	Ⅰ母电压 $\dot{U}_A$：57.74∠0°V $\dot{U}_B$：57.74∠240°V $\dot{U}_C$：57.74∠120°V Ⅱ母电压 $\dot{U}_A$：0∠0°V $\dot{U}_B$：57.74∠240°V $\dot{U}_C$：57.74∠120°V	L1：5∠0°A L2：5∠0°A L3：5∠0°A	时间触发0.2s
装置报文	(1) 3ms差动跳母联。 (2) 变化量差动跳Ⅱ母。 (3) 稳态量差动跳Ⅱ母。 (4) 母联死区动作保护		
装置指示灯	跳Ⅱ母、母联保护		
注意事项	(1) 母联开关分位死区故障指的是故障点位于母联开关和母联TA之间。本题中，根据题意，母联TA应该安装在母联开关与Ⅱ母之间，为Ⅰ母保护区内。注意：母联TA安装位置可在母联开关两侧，但TA的同名端始终靠Ⅰ母。 (2) 分位死区保护无延时，只跳开靠母联TA的母线。 (3) 母联TWJ和分列压板必须同时为"1"		
思考	母联合位死区保护和分位死区保护的区别是什么？		

5.2.8 失灵保护校验

1. 断路器失灵保护

断路器失灵保护由各连接元件保护装置提供的保护跳闸接点启动。

对于线路间隔，当失灵保护检测到分相跳闸接点动作时，若该支路的对应相电流大于有流定值门槛（$0.04I_n$），且零序电流大于零序电流定值（或负序电流大于负序电流定值），则经过失灵保护电压闭锁后失灵保护动作跳闸；当失灵保护检测到三相跳闸接点均动作时，若三相电流均大于$0.1I_n$且任一相电流工频变化量动作（引入电流工频变化量元件的目的是防止重负荷线路的负荷电流躲不过三相失灵相电流定值导致电流判据长期开放），则经过失灵保护电压闭锁后失灵保护动作跳闸。逻辑如图5-10所示。

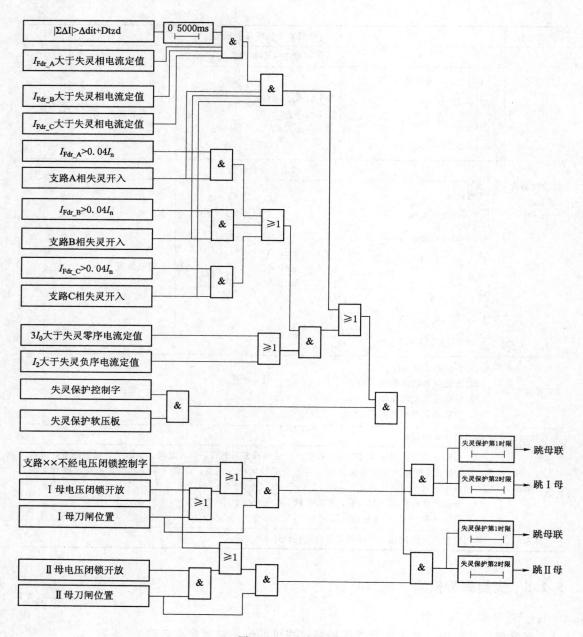

图 5 - 10　逻辑框图

　　对于主变间隔，当失灵保护检测到失灵启动接点动作时，若该支路的任一相电流大于三相失灵相电流定值，或零序电流大于零序电流定值（或负序电流大于负序电流定值），则经过失灵保护电压闭锁后失灵保护动作跳闸。逻辑如图 5 - 10 所示。

　　失灵保护动作第 1 时限跳母联（或分段）开关，第 2 时限跳失灵开关所在母线的全部连接支路。母线差动保护动作后启动主变断路器失灵功能，采取内部逻辑实现，在母线差动保护动作跳开主变所在支路同时，启动该支路的断路器失灵保护。装置内固定支路 4、5、14、15 为主变支路。

失灵保护校验见表 5 - 17～表 5 - 19。

表 5 - 17　　　　PCS - 915 母线保护装置线路间隔三相失灵保护校验

试验项目	线路间隔三相失灵保护校验		
相关定值	三相失灵相电流定值：3A；失灵保护第 1 时限：0.2s；失灵保护第 2 时限：0.4s		
试验例题	(1) 运行方式为：支路 L3 合于 Ⅰ 母运行；线路支路 L2 合于 Ⅱ 母，双母线并列运行。 (2) 变比：L2（2000/5）、L3（2000/5）、L1（2000/5）。 (3) 基准变比：2000/5。 (4) 试验要求：L2 支路三相失灵保护定值及动作时间校验		
试验条件	(1) 软压板设置：投入"失灵保护"软压板，投入 L1、L2、L3 "SV 接收"软压板。 (2) 控制字设置："失灵保护"置"1"。 (3) 投入置检修硬压板。 (4) 设置好各间隔变比和基准变比。 (5) "运行"指示灯亮。 (6) L3 强制 Ⅰ 母、L2 强制 Ⅱ 母。 (7) 母联 TWJ 处于合位状态		
计算方法	$m=1.05$ 时，$I=1.05×3=3.15$（A） $m=0.95$ 时，$I=0.95×3=2.85$（A）		
参数设置	(1) 从 SD 卡中导入对应变电站整站 SCD。 (2) 导入相应 IED 间隔作为被测对象。 (3) 设置好电压及各支路变比、额定延时、采样率、通道映射。 (4) 设置好各支路输出光口。 (5) 将对应 GOOSE、SV 通道置检修		
试验仪器设置（状态序列 $m=1.05$）	状态 1 参数设置		
	Ⅰ 母电压、Ⅱ 母电压 $\dot{U}_A$：57.74∠0°V $\dot{U}_B$：57.74∠240°V $\dot{U}_C$：57.74∠120°V	L1：0∠0°A L2：0∠0°A L3：0∠0°A	手动触发
	状态 2 参数设置		
	$\dot{U}_A$：20∠0°V $\dot{U}_B$：57.74∠240°V $\dot{U}_C$：57.74∠120°V	L1：3.15∠0°A L2：3.15∠0°A L3：3.15∠180°A	时间触发 0.5s
装置报文	失灵保护动作		
装置指示灯	跳 Ⅱ 母、母联保护、Ⅱ 母失灵		

续表

试验项目	线路间隔三相失灵保护校验		
	状态 1 参数设置		
试验仪器设置（状态序列 $m=0.95$）	Ⅰ母电压、Ⅱ母电压 $\dot{U}_{A}$: 57.74∠0°V $\dot{U}_{B}$: 57.74∠240°V $\dot{U}_{C}$: 57.74∠120°V	L1: 0∠0°A L2: 0∠0°A L3: 0∠0°A	手动触发
	状态 2 参数设置		
	$\dot{U}_{A}$: 20∠0°V $\dot{U}_{B}$: 57.74∠240°V $\dot{U}_{C}$: 57.74∠120°V	L1: 2.85∠0°A L2: 2.85∠0°A L3: 2.85∠180°A	时间触发 0.5s
装置报文	无		
装置指示灯	无		
注意事项	(1) 电流定值应换算到基准变比。 (2) 失灵保护出口有两时限，第 1 时限跳母联，第 2 时限跳母线。 (3) 三相失灵时，三相电流均应满足定值，可不考虑零序、负序电流		

表 5 - 18　　　　**PCS - 915 母线保护装置线路间隔单相失灵保护校验**

试验项目	线路间隔单相失灵保护校验
相关定值	失灵零序电流定值：1A；失灵负序电流定值：1A；失灵保护第 1 时限：0.2s；失灵保护第 2 时限：0.4s
试验例题	(1) 运行方式为：支路 L3 合于Ⅰ母运行；支路 L2 合于Ⅱ母，双母线并列运行。 (2) 变比：L2 (2000/5)、L3 (2000/5)、L1 (2000/5)。 (3) 基准变比：2000/5。 (4) 试验要求：测试 L2 支路失灵保护零序定值
试验条件	(1) 软压板设置：投入"失灵保护"软压板，投入 L1、L2、L3"SV 接收"软压板。 (2) 控制字设置："失灵保护"置"1"。 (3) 投入置检修硬压板。 (4) 设置好各间隔变比和基准变比。 (5) "运行"指示灯亮。 (6) L3 强制Ⅰ母、L2 强制Ⅱ母。 (7) 母联 TWJ 处于合位状态
计算方法	$m=1.05$ 时，$I=1.05\times1=1.05$（A）。 $m=0.95$ 时，$I=0.95\times1=0.95$（A）

续表

试验项目	线路间隔单相失灵保护校验		
	状态 1 参数设置		
试验仪器设置（状态序列 $m=1.05$）	$\dot{U}_A$: 57.74∠0°V $\dot{U}_B$: 57.74∠240°V $\dot{U}_C$: 57.74∠120°V	L1、L2、L3 电流 $\dot{I}_A$: 0∠0°A $\dot{I}_B$: 0∠0°A $\dot{I}_C$: 0∠0°A	手动触发
	状态 2 参数设置		
	$\dot{U}_A$: 20∠0°V $\dot{U}_B$: 57.74∠240°V $\dot{U}_C$: 57.74∠120°V	L1 $\dot{I}_A$: 1.05∠0°A $\dot{I}_B$: 0∠240°A $\dot{I}_C$: 0∠120°A L2 $\dot{I}_A$: 1.05∠0°A $\dot{I}_B$: 0∠240°A $\dot{I}_C$: 0∠120°A L3 $\dot{I}_A$: 1.05∠180°A $\dot{I}_B$: 0∠240°A $\dot{I}_C$: 0∠120°A	时间触发 0.5s
装置报文	失灵保护动作		
装置指示灯	跳Ⅱ母、母联保护、Ⅱ母失灵		
试验仪器设置（状态序列 $m=0.95$）		状态 1 参数设置	
	$\dot{U}_A$: 57.74∠0°V $\dot{U}_B$: 57.74∠240°V $\dot{U}_C$: 57.74∠120°V	L1、L2、L3 电流 $\dot{I}_A$: 0∠0°A $\dot{I}_B$: 0∠0°A $\dot{I}_C$: 0∠0°A	手动触发
		状态 2 参数设置	
	$\dot{U}_A$: 20∠0°V $\dot{U}_B$: 57.74∠240°V $\dot{U}_C$: 57.74∠120°V	L1 $\dot{I}_A$: 1.05∠0°A $\dot{I}_B$: 0∠240°A $\dot{I}_C$: 0∠120°A L2 $\dot{I}_A$: 1.05∠0°A $\dot{I}_B$: 0∠240°A $\dot{I}_C$: 0∠120°A L3 $\dot{I}_A$: 1.05∠180°A $\dot{I}_B$: 0∠240°A $\dot{I}_C$: 0∠120°A	时间触发 0.5s

续表

试验项目	线路间隔单相失灵保护校验
装置报文	无
装置指示灯	无
注意事项	(1) 电流定值应换算到基准变比。 (2) 失灵保护出口有两个时限，第 1 时限跳母联，第 2 时限跳母线。 (3) 零序电流按 $3I_0$ 整定，负序电流按 I_2 整定。 (4) 测试负序电流定值的方法与零序电流类似，注意负序电流值等于单相电流的 1/3，测试时可以临时调整零序电流定值
思考	线路间隔和主变压器间隔失灵保护有什么异同？

表 5 - 19　　　　　PCS - 915 母线保护装置主变间隔失灵保护校验

试验项目	主变间隔失灵保护校验		
相关定值	三相失灵相电流定值：3A；失灵零序电流定值：1A；失灵负序电流定值：1A；失灵保护第 1 时限：0.2s；失灵保护第 2 时限：0.4s		
试验例题	(1) 运行方式为：支路 L3 合于 Ⅰ 母运行；支路 L2 合于 Ⅱ 母，双母线并列运行。 (2) 变比：L2 (2000/5)、L3 (2000/5)、L1 (2000/5)。 (3) 基准变比：2000/5。 (4) 试验要求：测试 L2 支路三相失灵保护定值及动作时间		
试验条件	(1) 软压板设置：投入 "失灵保护" 软压板，投入 L1、L2、L3 "SV 接收" 软压板。 (2) 控制字设置："失灵保护" 置 "1"。 (3) 投入置检修硬压板。 (4) 设置好各间隔变比和基准变比。 (5) "运行" 指示灯亮。 (6) L3 强制 Ⅰ 母、L2 强制 Ⅱ 母。 (7) 母联 TWJ 处于合位状态		
计算方法	(1) 相电流定值。 $m=1.05$ 时，$I=1.05 \times 3=3.15$ (A)。 $m=0.95$ 时，$I=0.95 \times 3=2.85$ (A)。 (2) 零序电流定值。 $m=1.05$ 时，$I=1.05 \times 1=1.05$ (A)。 $m=0.95$ 时，$I=0.95 \times 1=0.95$ (A)。 (3) 负序电流定值。 $m=1.05$ 时，$I=1.05 \times 1=1.05$ (A)。 $m=0.95$ 时，$I=0.95 \times 1=0.95$ (A)		
试验仪器设置（状态序列 $m=1.05$）	状态 1 参数设置		
	$\dot{U}_A$：57.74∠0°V $\dot{U}_B$：57.74∠240°V $\dot{U}_C$：57.74∠120°V	L1：0∠0°A L2：0∠0°A L3：0∠0°A	手动触发
	状态 2 参数设置		
	$\dot{U}_A$：20∠0°V $\dot{U}_B$：57.74∠240°V $\dot{U}_C$：57.74∠120°V	L1：3.15∠0°A L2：3.15∠0°A L3：3.15∠180°A	时间触发 0.5s

续表

试验项目	主变间隔失灵保护校验		
装置报文	失灵保护动作		
装置指示灯	跳Ⅱ母、母联保护、Ⅱ母失灵		
试验仪器设置（状态序列 $m=0.95$）	**状态1参数设置**		
	$\dot{U}_A$: 57.74∠0°V $\dot{U}_B$: 57.74∠240°V $\dot{U}_C$: 57.74∠120°V	L1: 0∠0°A L2: 0∠0°A L3: 0∠0°A	手动触发
	状态2参数设置		
	$\dot{U}_A$: 20∠0°V $\dot{U}_B$: 57.74∠240°V $\dot{U}_C$: 57.74∠120°V	L1: 2.85∠0°A L2: 2.85∠0°A L3: 2.85∠180°A	时间触发0.5s
装置报文	无		
装置指示灯	无		
注意事项	（1）电流定值应换算到基准变比。 （2）失灵保护出口有两时限，第1时限跳母联，第2时限跳母线。 （3）例题以相电流定值为例进行故障量设置，零序、负序电流测试的故障量设置类似与其类似。 （4）主变压器间隔相电流定值只要一相电流大于定值即可		
思考	如果故障态电压正常，应如何设置解除复压闭锁开入，失灵保护才能正确动作？		

2. 失灵保护电压闭锁校验

任一支路失灵开入保持10s不返回，装置报"失灵长期启动"，同时将该支路失灵保护闭锁。失灵保护电压闭锁判据为

$$U_\varphi \leqslant U_{sl} \quad 3U_0 \geqslant U_{0sl} \quad U_2 \geqslant U_{2sl} \tag{5-3}$$

式中 U_φ——相电压；

    $3U_0$——三倍零序；

    U_2——负序相电压；

    U_{sl}——相电压闭锁定值；

U_{0sl}、U_{2sl}——零序、负序电压闭锁定值。

以上三个判据任一满足时，电压闭锁元件开放。

为防止主变低压侧故障、高压侧开关失灵时，高压侧母线的电压闭锁灵敏度有可能不够的情况，主变支路固定不经电压闭锁。

为防止长距离输电线路发生远端故障时电压灵敏度不够的情况，可通过整定"支路××解除复压闭锁"控制字来退出该支路的失灵电压闭锁功能（需选配"线路失灵解除电压闭锁功能×"）。

失灵保护还为各主变支路提供了联跳主变其他各侧开关的功能，主变开关失灵情况下经失灵保护第2时限联跳主变其他侧开关，其校验见表5-20。

表 5-20　　　　　**PCS-915 母线保护装置失灵保护电压闭锁元件校验**

试验项目	失灵保护电压闭锁元件校验		
相关定值	低电压闭锁定值：$0.7U_n$；零序电压闭锁定值：6V；负序电压闭锁定值：4V		
试验例题	(1) 运行方式为：支路 L3 合于 Ⅰ 母运行；支路 L2 合于 Ⅱ母，双母线并列运行。 (2) 变比：L2（2000/5）、L3（2000/5）、L1（2000/5）。 (3) 基准变比：2000/5。 (4) 试验要求：测试 L2 支路失灵保护复压闭锁元件定值		
试验条件	两段母线 TV 正常接线		
计算方法	低电压定值校验：$U_{bs}=0.7U_n$，将某段母线每一项正序电压降低为 $57.74 \times 0.7 \times 0.95 = 38.40$（V）时，电压开放；$57.74 \times 0.7 \times 1.05 = 42.44$（V）时，电压闭锁。 零序电压定值校验：$U_{0bs}=6V$，$U_A+U_B+U_C=3U_0>6V$，保持 U_A、U_B 不变，U_C 降低 6V，角度不变。 负序电压定值校验：$U_{2bs}=4V$，$U_A+a^2U_B+aU_C=3U_2$		
失灵保护低电压闭锁功能试验仪器设置（状态序列 $m=1.05$）	状态 1 参数设置		
	$\dot{U}_A$：57.74∠0°V $\dot{U}_B$：57.74∠240°V $\dot{U}_C$：57.74∠120°V	$\dot{I}_A$：0∠0°A $\dot{I}_B$：0∠0°A $\dot{I}_C$：0∠0°A	手动触发
	状态 2 参数设置		
	$\dot{U}_A$：38.4∠0°V $\dot{U}_B$：38.4∠240°V $\dot{U}_C$：38.4∠120°V	$\dot{I}_A$：3.15∠0°A $\dot{I}_B$：3.15∠240°A $\dot{I}_C$：3.15∠120°A	时间触发 0.5s
失灵保护低电压闭锁功能试验仪器设置（状态序列 $m=0.95$）	状态 1 参数设置		
	$\dot{U}_A$：57.74∠0°V $\dot{U}_B$：57.74∠240°V $\dot{U}_C$：57.74∠120°V	$\dot{I}_A$：0∠0°A $\dot{I}_B$：0∠0°A $\dot{I}_C$：0∠0°A	手动触发
	状态 2 参数设置		
	$\dot{U}_A$：42.44∠0°V $\dot{U}_B$：42.44∠240°V $\dot{U}_C$：42.44∠120°V	$\dot{I}_A$：3.15∠0°A $\dot{I}_B$：3.15∠240°A $\dot{I}_C$：3.15∠120°A	时间触发 0.5s
失灵保护零序电压闭锁功能试验仪器设置（状态序列 $m=1.05$）	状态 1 参数设置		
	$\dot{U}_A$：57.74∠0°V $\dot{U}_B$：57.74∠240°V $\dot{U}_C$：57.74∠120°V	$\dot{I}_A$：0∠0°A $\dot{I}_B$：0∠0°A $\dot{I}_C$：0∠0°A	手动触发
	状态 2 参数设置		
	$\dot{U}_A$：57.74∠0°V $\dot{U}_B$：57.74∠240°V $\dot{U}_C$：51.44∠120°V	$\dot{I}_A$：3.15∠0°A $\dot{I}_B$：3.15∠240°A $\dot{I}_C$：3.15∠120°A	时间触发 0.5s

试验项目	失灵保护电压闭锁元件校验		
失灵保护零序电压闭锁功能试验仪器设置（状态序列 $m=0.95$）	状态 1 参数设置		
	$\dot{U}_A$: 57.74∠0°V $\dot{U}_B$: 57.74∠240°V $\dot{U}_C$: 57.74∠120°V	$\dot{I}_A$: 0∠0°A $\dot{I}_B$: 0∠0°A $\dot{I}_C$: 0∠0°A	手动触发
	状态 2 参数设置		
	$\dot{U}_A$: 57.74∠0°V $\dot{U}_B$: 57.74∠240°V $\dot{U}_C$: 52.04∠120°V	$\dot{I}_A$: 3.15∠0°A $\dot{I}_B$: 3.15∠240°A $\dot{I}_C$: 3.15∠120°A	时间触发 0.5s
失灵保护负序电压闭锁功能试验仪器设置（状态序列 $m=1.05$）	状态 1 参数设置		
	$\dot{U}_A$: 57.74∠0°V $\dot{U}_B$: 57.74∠240°V $\dot{U}_C$: 57.74∠120°V	$\dot{I}_A$: 0∠0°A $\dot{I}_B$: 0∠0°A $\dot{I}_C$: 0∠0°A	手动触发
	状态 2 参数设置		
	$\dot{U}_A$: 57.74∠0°V $\dot{U}_B$: 57.74∠240°V $\dot{U}_C$: 45.14∠120°V	$\dot{I}_A$: 3.15∠0°A $\dot{I}_B$: 3.15∠240°A $\dot{I}_C$: 3.15∠120°A	时间触发 0.5s
失灵保护负序电压闭锁功能试验仪器设置（状态序列 $m=0.95$）	状态 1 参数设置		
	$\dot{U}_A$: 57.74∠0°V $\dot{U}_B$: 57.74∠240°V $\dot{U}_C$: 57.74∠120°V	$\dot{I}_A$: 0∠0°A $\dot{I}_B$: 0∠0°A $\dot{I}_C$: 0∠0°A	手动触发
	状态 2 参数设置		
	$\dot{U}_A$: 57.74∠0°V $\dot{U}_B$: 57.74∠240°V $\dot{U}_C$: 46.34∠120°V	$\dot{I}_A$: 3.15∠0°A $\dot{I}_B$: 3.15∠240°A $\dot{I}_C$: 3.15∠120°A	时间触发 0.5s
装置报文	失灵保护动作		
装置指示灯	跳 Ⅱ 母、母联保护、Ⅱ 母失灵		
注意事项	（1）低电压闭锁值为 0.95 倍时失灵动作，1.05 倍不动作；零序、负序电压闭锁值为 1.05 倍时失灵动作，0.95 倍不动作。 （2）零序电压闭锁值为自产零序电压 $3U_0$，负序电压闭锁值 U_{2bs} 为负序相电压。 （3）进行零序、负序电压闭锁值试验时，可以临时调整相关定值		
思考	失灵保护复压闭锁和差动保护复压闭锁有什么区别？试验方法可否互换？		

第 6 章

SGB‑750 数字式母线保护装置调试

6.1 保护功能简介

SGB‑750 数字式母线保护装置针对 10～750kV 电力系统的特点，结合二十多年来在各电压等级母线保护领域内的理论研究成果及成功的现场运行实践经验，采用一整套母线保护新判据，在全新的 EDP 嵌入式系统平台基础上开发研制而成。SGB‑750 数字式母线保护装置技术性能优异，抗干扰能力强，功能齐全，界面友好，使用方便。

6.1.1 适用范围

SGB‑750 数字式母线保护装置适用于 10～750kV 各电压等级的智能变电站的各种接线方式的母线，可作为智能化发电厂、变电站母线的成套保护装置。

装置支持数字采样（IEC61850‑9‑2）和常规互感器接入方式，支持 GOOSE 跳闸和传统开关量方式；装置支持电力行业通信标准 DL/T 667—1999（IEC60870‑5‑103）《远动设备及系统 第 5 部分：传输规约 第 103 篇：继电保护设备信息接口配套标准》和新一代变电站通信标准 IEC61850。装置根据不同现场需求，可实现数字采样、GOOSE 开入/跳闸，数字采样、传统开关量开入/跳闸，常规采样、GOOSE 开入/跳闸，部分支路常规采样、传统跳闸等各种配置，其中数字采样、GOOSE 开入/跳闸均支持点对点及组网的方式。

6.1.2 保护功能配置

SGB‑750 数字式母线保护装置具有多种保护功能，可根据母线接线要求选择配置，见表 6‑1～表 6‑4。

表 6‑1　　　　　　　　　3/2 断路器接线母线保护功能配置表

序号	功 能 描 述	段数及时限	备 注
1	差动保护		
2	失灵经母差跳闸		
3	TA 断线判别功能		
序号	基础型号	代 码	
4	3/2 断路器接线母线保护	C	

表 6 – 2　　　　　　　220kV 及以上系统双母线接线母线保护功能配置表

（含双母双分段接线、双母单分段接线）

序号	功能描述	段数及时限	备注
1	差动保护		
2	失灵保护		
3	母联（分段）失灵保护		
4	TA 断线判别功能		
5	TV 断线判别功能		
序号	基础型号	代码	
6	双母线接线母线保护 双母双分段接线母线保护	A	
7	双母单分段母线保护	D	
序号	选配功能	代码	
8	母联（分段）充电过流保护	M	功能同独立的母联（分段）过流保护
9	母联（分段）非全相保护	P	功能同线路保护的非全相保护
10	线路失灵解除电压闭锁	X	

表 6 – 3　　　　　　　10～110kV 系统双母线接线母线保护功能配置表

（含双母双分段接线、单母线接线和单母分段

接线，双母单分段接线含单母三分段接线）

序号	功能描述	段数及时限	备注
1	差动保护		
2	失灵保护		
3	母联（分段）失灵保护		
4	TA 断线判别功能		
5	TV 断线判别功能		
序号	基础型号	代码	
6	双母线接线母线保护 双母双分段接线母线保护 单母线接线母线保护 单母分段接线母线保护	AL	
7	双母单分段接线母线保护 单母三分段接线母线保护	DL	
序号	选配功能	代码	
8	母联（分段）充电过流保护	M	功能同独立的母联（分段）过流保护
9	线路失灵解除电压闭锁	X	

表 6－4　　　　　　　　　　　　　装　置　型　号

序号	保护平台及代码	基础型号	装置类型	备　注
1		C		
2		A		
3		D	－DA－G	国网智能化装置，SV 采样，GOOSE 跳闸
4		AL		
5		DL		
6		C		
7		A		
8	SGB－750	D	－DG－G	国网智能化装置，常规采样，GOOSE 跳闸
9		AL		
10		DL		
11		A		
12		D	－FA－G	国网智能化前接线前显示装置，SV 采样，GOOSE 跳闸
13		AL		
14		DL		

6.1.3　原理特点

（1）采用比率制动差动保护原理，分设大差功能及各段母线小差功能，将整个双母线作为被保护组件的大差功能用于判别母线区内故障，仅将每段母线作为被保护组件的小差功能用于选择故障段母线。

（2）设置常规的全电流差动保护和新型的电流变化量差动保护两套差动保护。技术成熟，抗过渡电阻的能力强，受故障前系统功角的影响小。

（3）采用瞬时值差流算法，保护动作速度快，差动动作时间小于 20 ms。

（4）采用"差电流变化量启动"和"差电流启动"双启动原理，对系统发生的金属性或非金属故障、短路容量的差异所产生的不同故障特征，均能快速启动，并进入下一级保护判别。装置双启动原理的启动灵敏度高，自适应能力强，有效地解决了不同容量的系统在不同负荷条件下发生故障时，多数母线保护启动灵敏度不能完全适应的问题。

（5）采用新型抗 TA 饱和的"差流动态追忆法"和"轨迹扫描法"措施，确保母线外部故障 TA 饱和时不误动，而区内故障或故障由区外转为区内时可靠动作。

（6）不同电压等级的电力系统具有不同的特点，线路的感抗、容抗、阻抗角不同，非周期分量和谐波分量的时间常数也不同，SGB－750 数字式母线保护装置考虑了 10～750kV 各电压等级中最严重的情况，采取各种有效措施加以克服，抗御非周期分量和谐波分量的能力强，因而对各电压等级的母线具有最广泛的适应性。

（7）对于可能导致母线保护装置误动的小概率因素，（例如，由于接入母线保护的各单元 TA 的特性不一致，在区外故障切除、不对称冲击负荷、系统解合环、并网、投切负荷等造成的不平衡差流；TA 断线造成的差流；区外故障 TA 在 2 个周波以后再饱和造成的差流等情况）SGB－750 母线保护装置从多方位采取预防为主的有效措施，确保不误动，整套装置的安全性很高。

（8）能自动适应母线的各种运行方式。例如在双母线上倒闸操作时不需退出保护，能根据隔离开关位置信息的改变，通过软件完成运行方式的自动识别、各段母线小差保护计算的自动调整及出口跳闸命令的自动切换。

（9）内含补偿措施，允许母线上各连接单元 TA 的变比不一致，并由用户设定。

（10）设置独立于差动保护软件的复压闭锁功能，可靠防止差动保护的误动。

（11）设有 TA 断线告警功能，低值告警，高值闭锁差动保护，可靠防止 TA 断线引起差动保护的误动。

（12）针对数字化变电站电子式互感器的技术特点，增加新型判据，解决由于网络通信代替原来模拟采样及开入开出等带来的技术风险，防患于未然。

6.1.4 辅助功能及结构特点

（1）采用触摸式彩色液晶大屏幕，信息清楚分明，并能显示系统主接线图及实时潮流分布。

（2）具有完善的系统硬件及软件在线自动检测功能，能自动报警。

（3）具有强大的事件顺序记录和故障录波功能，能与 COMTRADE 兼容。

（4）灵活的通信接口方式，配有 RS－485 双串口和三个以太网通信接口，其中以太网可选光口或者电口。通信规约支持 IEC60870－5－103 标准和 IEC 61850 系列标准。

（5）采用整面板、支持后接线式及前接线式两种不同机箱结构型式。

（6）强电输入回路与弱电系统在电气上完全分开，针对不同回路分别采用光电耦合、继电器转接、带屏蔽层的变压器等隔离措施。

6.2 试验调试方法

6.2.1 装置、交流回路及开入回路检查

SGB－750 数字式母线保护装置交流回路及开入回路检查见表 6－5。

表 6－5 　　　　　SGB－750 数字式母线保护装置交流回路及开入回路检查

项目	试验步骤、方法
装置检查	（1）执行安全措施票，检查装置外观及信号是否正常。 （2）打印、核对定值，检查装置参数、保护定值是否正确。 （3）现象。 1）打印机打印乱码——打印波特率设置有误。 2）打印机不打印——打印机电源未开或接线错误、虚接等。 3）打印机不走纸——进纸器未选择在连续纸位置。 ……

续表

项目	试验步骤、方法
电压采样	(1) 检查电压回路完好性：从 I 母电压端子加入 $\dot{U}_A$：10∠0°V；$\dot{U}_B$：20∠240°V；$\dot{U}_C$：30∠120°V。 (2) 现象。 1) 某相无压——通道未映射或映射错误，导入 SCD 错误。 2) 三相电压采样不准，变比设置错误。 …… 说明：学员可根据电压采样值情况判断电压回路是否开路、短路等现象。 (3) 回路正常后，两段母线 TV 三相分别加入 1V、5V、30V、60V 电压进行电压采样精度检查
电流采样	(1) 检查电流回路完好性：从 L1 支路电流端子加入 $\dot{I}_A$：1∠0°A；$\dot{I}_B$：2∠240°A；$\dot{I}_C$：3∠120°A。 (2) 现象。 1) 某相电流采样值不正确——通道未映射或映射错误，导入 SCD 错误。 2) 三相无电流采样——SCD 制作错误，导入 IED 错误，SV 投入压板未投入。 3) 电流值为加入值的 1/5——装置参数中电流额定值被设置为 1A。 …… 说明：学员可根据电流采样值情况判断电流回路是否开路，短路等现象。 (3) 回路正常后，三相分别加入 0.5A、1A、5A、10A 电流进行电流采样精度检查
开入检查	(1) 进入装置菜单的保护状态下的开入显示，检查开入开位变位情况。 (2) 对压板、母联开关跳闸位置、复归、打印、隔离开关开入进行逐一检查。 (3) 现象。 1) 无 GOOSE 开入——未正确关联 SCD，导入错误。 2) 开入量全部为零，投退压板无变化——开入公共端电源消失。 …… 说明：学员可根据开入量变化情况判断开入量是否正常

6.2.2　负荷平衡态校验

主接线如图 6－1 所示，负荷平衡态校验见表 6－6。

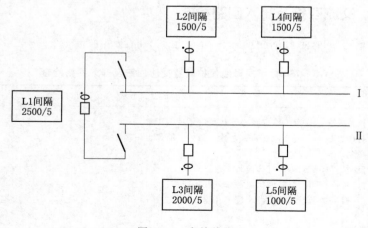

图 6－1　主接线图

表 6 - 6 　　　　　　SGB - 750 数字式母线保护装置母线保护负荷平衡态校验

试验项目	负荷平衡态校验		
试验例题	母联支路 L1（2500/5），支路 L2（1500/5）、L4（500/5）接 I 母运行，L3（2000/5）、L5（1000/5）接 II 母运行，TA 基准变比为 2500/5；两段母线并列运行，电压正常。已知母联 L1（2500/5）和 L5 间隔 C 相一次电流均流出 II 母，母联一次电流幅值为 500A，L5 间隔一次电流幅值为 1000A，L4 流入 I 母一次电流为 300A。调整 L2、L3 支路电流，使差流平衡，屏上无任何告警、动作信号		
试验条件	（1）软压板设置：投入"差动保护"软压板，投入 L1、L2、L3、L4、L5"SV 接收"软压板。 （2）控制字设置："差动保护"置"1"。 （3）投入置检修硬压板。 （4）设置好各间隔变比和基准变比。 （5）"运行"指示灯亮		
计算方法	（1）母联一次电流幅值为 500A，L5 间隔一次电流幅值为 1000A，L4 间隔一次电流幅值为 300A，则 L1 间隔二次电流为 500/2500×5＝1（A），换算为基准变比为 1A；L5 间隔二次电流为 1000/1000×5＝5（A），换算为基准变比为 2A；L4 间隔二次电流为 300/500×5＝3（A），换算为基准变比为 0.6A。 （2）L1、L5 电流均流出 II 母，L3 间隔电流应为流入 II 母且幅值为 L1、L5 之和，故 L3 间隔一次电流为 500＋1000＝1500（A），二次电流为 1500/2000×5＝3.75（A），换算为基准变比为 3A。 （3）L1、L4 电流均流入 I 母，L2 间隔电流应为流入 II 母且幅值为 L1、L4 之和，故 L3 间隔一次电流为 500＋300＝800（A），二次电流为 800/1500×5＝2.67（A），换算为基准变比为 1.6A。 综上可得 Ll：1∠180°A；L2：2.67∠0°A；L3：3.75∠180°A；L4：3∠180°A；L5：5∠0°A		
参数设置	（1）从 SD 卡中导入对应变电站整站 SCD。 （2）导入相应 IED 间隔作为被测对象。 （3）设置好电压及各支路变比、额定延时、采样率、通道映射。 （4）设置好各支路输出光口。 （5）将对应 GOOSE、SV 通道置检修		
负荷平衡态试验仪器设置状态触发条件为手动（手动方式）	$\dot{U}_A$：57.74∠0°V $\dot{U}_B$：57.74∠240°V $\dot{U}_C$：57.74∠120°V	L1：1∠180°A L2：2.67∠0°A L3：3.75∠180°A L4：3∠180°A L5：5∠0°A	状态触发条件为手动控制
装置显示	差流为 0		
装置报文	无		
装置指示灯	无		
注意事项	（1）如果某一加入电流支路在装置上无显示，检查各间隔"SV 投入"软压板。此压板退出时，装置在计算差流时不计入该支路电流，该支路电流通道品质、是否通信中断不影响装置行为，显示电流为 0。 （2）根据说明书知，各支路 TA 的同名端在母线侧，母联 TA 同名端在 I 母侧。 （3）各通道延时需要设置一致，且与装置中整定额定延时一致，不一致时会影响差流计算，显示错误差流值。 （4）互联压板不能投入，因为投入后保护装置不计算小差差流，存在母联电流计算错误或接线错误，但装置无告警的情况。 （5）装置所加电压电流量与装置检修状态一致，如果所加电压与装置检修状态不一致，则开放差动保护电压闭锁，如果某一间隔所加电流与装置检修压板状态不一致且间隔"SV 投入"软压板投入时，将闭锁差动保护。 （6）装置变比或试验仪变比设置错误时会使采样电流不准		
思考	如何通过基准变比进行计算？		

6.2.3　差动保护检验

母线差动保护采用分相式电流变化量差动保护和分相式全电流差动保护两种原理，两种差动保护分别经抗 TA 饱和的差流动态追忆法、轨迹扫描法的控制，由于这两种抗 TA 饱和的判据采用多重判别方法，能准确地判别区内区外故障，所以比率制动差动判据作为判据之一，采用较低的制动系数 0.3，不需用户整定。SGB－750 母线差动保护的子功能有：Ⅰ段母线比率小差动保护功能、Ⅱ段母线比率小差动保护功能、双母线比率大差动保护功能、差流动态追忆法的抗 TA 饱和功能、轨迹扫描法的抗 TA 饱和功能和 TA 断线闭锁告警功能。此外，与断路器失灵保护共享复压闭锁功能。

无论是大差还是小差，除了具有比率差动保护功能外，还要求差流大于一整定值（最小动作电流）才允许出口跳闸。即

$$|\sum i| \geqslant I_{\text{set}} \tag{6-1}$$

式中　$|\sum i|$——大差为除了母联单元外的双母线所有连接单元电流之和的模，小差为Ⅰ或Ⅱ段母线所有连接单元电流之和的模，即差流；

$\qquad I_{\text{set}}$——差电流整定值（差动保护启动定值），即最小动作电流。

装置的大差、小差保护的动作特性曲线如图 6－2 所示。

电流差动保护的出口跳闸逻辑框图如图 6－3 所示。

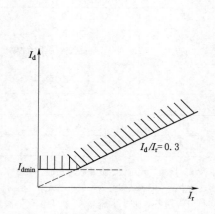

图 6－2　差动保护动作特性
I_d—差流；I_r—制动电流；$I_{\text{dmin}} = I_{\text{set}}$

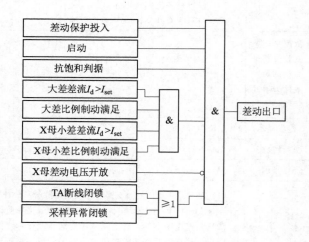

图 6－3　电流差动保护的出口跳闸逻辑框图

差动保护检验见表 6－7～表 6－9。

表 6－7　　　　SGB－750 数字式母线保护装置差动保护启动定值检验

试验项目	差动启动定值检验
相关定值	差动启动电流 $I_{\text{cdzd}} = 0.9\text{A}$

续表

试验项目	差动启动定值检验		
试验条件	(1) 软压板设置：投入"差动保护"软压板，投入 L2"SV 接收"软压板。 (2) 控制字设置："差动保护"置"1"。 (3) 投入置检修硬压板。 (4) 设置好各间隔变比和基准变比。 (5) "运行"指示灯亮		
计算方法	L2 支路启动定值为 $$I_{dz}=\frac{I_{cdzd}}{\text{支路 TA 变比/基准 TA 变比}}$$ $$=\frac{0.9}{(1500/5)/(2500/5)}$$ $$=1.5\ (A)$$ 当 $m=1.05$ 倍时，$I=1.5\times1.05=1.575\ (A)$； 当 $m=0.95$ 倍时，$I=1.5\times0.95=1.425\ (A)$； 测试时间，$m=2$，$I=1.5\times2=3\ (A)$。 其他支路类似		
$m=1.05$ 时仪器设置（以状态序列为例）	状态 1 参数设置		
	$\dot{U}_A$: 57.74∠0°V $\dot{U}_B$: 57.74∠240°V $\dot{U}_C$: 57.74∠120°V	$\dot{I}_A$: 0∠0°A $\dot{I}_B$: 0∠0°A $\dot{I}_C$: 0∠0°A	状态触发条件：手动控制
	状态 2 参数设置		
	$\dot{U}_A$: 57.74∠0°V $\dot{U}_B$: 57.74∠240°V $\dot{U}_C$: 25∠120°V	$\dot{I}_A$: 0∠0°A $\dot{I}_B$: 0∠0°A $\dot{I}_C$: 1.575∠0°A	状态触发条件：时间控制为 0.1s
装置报文	(1) 差动跳母联。 (2) 变化量差动跳Ⅰ母。 (3) 稳态量差动跳Ⅰ母		
装置指示灯	跳Ⅰ母、母联保护		
说明	差动保护动作时间应以 2 倍动作电流进行测试		
注意事项	(1) 为保证复压闭锁条件开放，可降低一相电压。 (2) 可采用状态序列或手动试验		
思考	启动定值试验能否用母联间隔进行校验，为什么？		

表 6-8　SGB-750 数字式母线保护装置差动保护大差比率制动系数校验

试验项目	大差比率制动系数校验
相关定值	大差比率制动系数：0.3
试验例题	(1) 运行方式：支路 L3 合于Ⅰ母；支路 L2 合于Ⅱ母，双母线并列运行。 (2) 变比：L2（2000/5）、L3（2000/5）、L1（2000/5）。 (3) 基准变比：2000/5。 (4) 试验要求：Ⅱ母 C 相故障，验证大差比率制动系数，做 2 个点

续表

试验项目	大差比率制动系数校验		
试验条件	(1) 软压板设置：投入"差动保护"软压板，投入 L1、L2、L3"SV 接收"软压板。 (2) 控制字设置："差动保护"置"1"。 (3) 投入置检修硬压板。 (4) 设置好各间隔变比和基准变比。 (5) "运行"指示灯亮。		
计算方法	以单独外加量的支路为变量（例题 L2 支路），先按平衡态值求出第一点，再在第一点基础上将各支路外加量乘或除以一个系数求出第二点。 设 L2 间隔电流为 I_2，L3 间隔电流为 I_3，则大差 $I_d = I_2 - I_3$，$I_r = I_2 + I_3$， $I_d > K_r I_r$　$I_d > 0.3 I_r$ $I_2 - I_3 > 0.3 (I_2 + I_3)$ $I_2 > 1.857 I_3$ 此时小差为 1，满足动作条件。 求得：第一点，令 $I_3 = 3A$，则 $I_2 = 5.57A$； 第二点，令 $I_3 = 5A$，则 $I_2 = 9.285A$		
参数设置	(1) 从 SD 卡中导入对应变电站整站 SCD。 (2) 导入相应 IED 间隔作为被测对象。 (3) 设置好电压及各支路变比、额定延时、采样率、通道映射。 (4) 设置好各支路输出光口。 (5) 将对应 GOOSE、SV 通道置检修		
大差比率制动系数试验仪器设置（以状态序列为例）第一点	状态 1 参数设置		
	Ⅰ母电压、Ⅱ母电压 $\dot{U}_A$: 57.74∠0°V $\dot{U}_B$: 57.74∠240°V $\dot{U}_C$: 57.74∠120°V	L1：0∠0°A L2：0∠0°A L3：0∠0°A	状态触发条件：手动控制
	状态 2 参数设置		
	Ⅰ母电压、Ⅱ母电压 $\dot{U}_A$: 57.74∠0°V $\dot{U}_B$: 57.74∠240°V $\dot{U}_C$: 0∠120°V	L1：0∠0°A L2：5.57∠0°A L3：3∠180°A	状态触发条件：时间控制为 0.1s
大差比率制动系数试验仪器设置（以状态序列为例）第二点	状态 1 参数设置		
	Ⅰ母电压、Ⅱ母电压 $\dot{U}_A$: 57.74∠0°V $\dot{U}_B$: 57.74∠240°V $\dot{U}_C$: 57.74∠120°V	L1：0∠0°A L2：0∠0°A L3：0∠0°A	状态触发条件：手动控制
	状态 2 参数设置		
	Ⅰ母电压、Ⅱ母电压 $\dot{U}_A$: 57.74∠0°V $\dot{U}_B$: 57.74∠240°V $\dot{U}_C$: 0∠120°V	L1：0∠0°A L2：9.285∠0°A L3：5∠180°A	状态触发条件：时间控制为 0.1s

续表

试验项目	大差比率制动系数校验
装置报文	(1) 差动跳母联。 (2) 变化量差动跳Ⅰ母。 (3) 稳态量差动跳Ⅰ母。 (4) 变化量差动跳Ⅱ母。 (5) 稳态量差动跳Ⅱ母
装置指示灯	跳Ⅰ母、跳Ⅱ母、母联保护
注意事项	(1) 如果某一加入电流支路在装置上无显示，检查各间隔"SV投入"软压板。此压板退出时，装置在计算差流时不计入该支路电流，该支路电流通道品质、是否通信中断不影响装置行为，显示电流为0。 (2) 根据说明书知，各支路TA的同名端在母线侧，母联TA同名端在Ⅰ母侧。 (3) 各通道延时需要设置一致，且与装置中整定额定延时一致，不一致时会影响差流计算，显示错误差流值。 (4) 互联压板不能投入，因为投入后保护装置不计算小差差流，存在母联电流计算错误或接线错误、但装置无告警的情况。 (5) 装置所加电压电流量与装置检修状态一致，如果所加电压与装置检修状态不一致，则开放差动保护电压闭锁，如果某一间隔所加电流与装置检修压板状态不一致且间隔"SV投入"软压板投入时，将闭锁差动保护。 (6) 装置变比或试验仪变比设置错误时会使采样电流不准
思考	若此时Ⅰ母故障，要验证大差比率制动系数高值，各支路该如何加量，如何接线？

表 6 - 9   SGB - 750 数字式母线保护装置差动保护小差比率制动系数校验

试验项目	小差比率制动系数校验
相关定值	小差比率制动系数：0.3
试验例题	(1) 运行方式：支路L2、L4合于Ⅱ母。 (2) 变比：L2（2000/5）、L4（2000/5）、L1（2000/5）。 (3) 基准变比：2000/5。 (4) 试验要求：Ⅱ母C相故障，验证小差比率制动系数值，做2个点
试验条件	(1) 软压板设置：投入"差动保护"软压板，投入L1、L2、L4"SV接收"软压板。 (2) 控制字设置："差动保护"置"1"。 (3) 投入置检修硬压板。 (4) 设置好各间隔变比和基准变比。 (5) "运行"指示灯亮
计算方法	设置Ⅰ母平衡： 以单独外加量的支路为变量（例题L2支路），先按平衡态值求出第一点，再在第一点基础上将各支路外加量乘或除以一个系数求出第二点。 设L2间隔电流为 I_2，L4间隔电流为 I_4，则小差 $I_d = I_2 - I_4$，$I_r = I_2 + I_4$， $I_d > K_r I_r$ $I_d > 0.3 I_r$ $I_2 - I_3 > 0.3 (I_2 + I_3)$ $I_2 > 1.857 I_3$ 此时大差为0.3，满足动作条件 求得：第一点，令 $I_4 = 4A$，则 $I_2 = 7.428A$； 第二点，令 $I_4 = 6A$，则 $I_2 = 11.142A$

续表

试验项目	小差比率制动系数校验			
小差比率制动系数试验仪器设置（以状态序列为例）第一点	状态 1 参数设置			
	Ⅱ 母电压 $\dot{U}_A$：57.74∠0°V $\dot{U}_B$：57.74∠240°V $\dot{U}_C$：57.74∠120°V	L1：0∠0°A L2：0∠0°A L4：0∠0°A	状态触发条件：手动控制	
	状态 2 参数设置			
	Ⅱ 母电压 $\dot{U}_A$：57.74∠0°V $\dot{U}_B$：57.74∠240°V $\dot{U}_C$：25∠120°V	L1：0∠0°A L2：7.428∠0°A L4：4∠180°A	状态触发条件：时间控制为 0.1s	
小差比率制动系数试验仪器设置（以状态序列为例）第二点	状态 1 参数设置			
	Ⅱ 母电压 $\dot{U}_A$：57.74∠0°V $\dot{U}_B$：57.74∠240°V $\dot{U}_C$：57.74∠120°V	L1：0∠0°A L2：0∠0°A L4：0∠0°A	状态触发条件：手动控制	
	状态 2 参数设置			
	Ⅱ 母电压 $\dot{U}_A$：57.74∠0°V $\dot{U}_B$：57.74∠240°V $\dot{U}_C$：25∠120°V	L1：0∠0°A L2：11.142∠0°A L4：6∠180°A	状态触发条件：时间控制为 0.1s	
装置报文	（1）差动跳母联。 （2）变化量差动跳 Ⅱ 母。 （3）稳态量差动跳 Ⅱ 母			
装置指示灯	跳 Ⅱ 母、母联保护			
注意事项	（1）如果某一加入电流支路在装置上无显示，检查各间隔 "SV 投入" 软压板。此压板退出时，装置在计算差流时不计入该支路电流，该支路电流通道品质、是否通信中断不影响装置行为，显示电流为 0。 （2）根据说明书知，各支路 TA 的同名端在母线侧，母联 TA 同名端在 Ⅰ 母侧。 （3）各通道延时需要设置一致，且与装置中整定额定延时一致，不一致时会影响差流计算，显示错误差流值。 （4）互联压板不能投入，因为投入后保护装置不计算小差差流，存在母联电流计算错误或接线错误、但装置无告警的情况。 （5）装置所加电压电流量与装置检修状态一致，如果所加电压与装置检修状态不一致，则开放差动保护电压闭锁，如果某一间隔所加电流与装置检修压板状态不一致且间隔 "SV 投入" 软压板投入时，将闭锁差动保护。 （6）装置变比或试验仪变比设置错误时会使采样电流不准。 （7）为保证复压闭锁条件开放，可降低一相电压			
思考	如果要求母联有电流，计算小差，还应考虑什么因素？			

6.2.4 复压闭锁与 TV 断线判别功能

SGB－750 数字式母线保护装置具有复压闭锁功能。该功能的特点是：母线电压正常时闭锁差动保护和失灵保护的出口；母线电压异常且某一电压特性量（相电压、负序电压、零序电压）变化达到灵敏定值 U_1（失灵电压门槛：整定定值）时，开放失灵保护出口回路，达到较高定值 U_2（差动电压门槛：低电压闭锁定值为 $0.7U_n$，零序电压闭锁定值 $3U_0$ 为 6V，负序电压闭锁定值为 4V）时，开放差动保护出口回路，功能关系如图 6－4 所示。

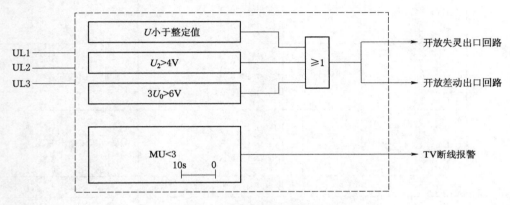

图 6－4　复压闭锁功能示意

图 6－4 中的断相故障检测（合并单元小于 3）子功能，用于不间断地检测各段母线的三相电压，当交流电压回路断线时立即响应，延迟 10s 后，发"TV 断线"信号。

6.2.5 TV 断线判别功能

母线自产零序电压大于 8V 或三相电压幅值之和（$|U_a| + |U_b| + |U_c|$）小于 30V，延时 10s 报该母线 TV 断线。母线 TV 断线时开放对应母线段的电压闭锁元件，但不闭锁任何保护，校验流程见表 6－10。

表 6－10　　　　　SGB－750 数字式母线保护装置差动保护电压闭锁元件校验

试验项目	差动保护电压闭锁元件校验
相关定值	$U_{bs}=0.7U_n$；$U_{0bs}=6V$；$U_{2bs}=4V$
试验例题	(1) 运行方式为：支路 L2、L4 合于 II 母。 (2) 变比：L2 (2000/5)、L4 (2000/5)、L1 (2000/5)。 (3) 基准变比：2000/5。 (4) 试验要求：II 母 C 相故障，验证电压闭锁定值
试验条件	(1) 软压板设置：投入"差动保护"软压板，投入 L1、L2、L4 "SV 接收"软压板。 (2) 控制字设置："差动保护"置"1"。 (3) 投入置检修硬压板。 (4) 设置好各间隔变比和基准变比。 (5) "运行"指示灯亮

续表

试验项目	差动保护电压闭锁元件校验		
计算方法	低电压定值校验：$U_{bs}=0.7U_n$，将某段母线每一项正序电压降低为 $57.74\times0.7\times0.95=38.40$（V）时，电压开放；$57.74\times0.7\times1.05=42.44$（V）时，电压闭锁。 零序电压定值校验：$U_{0bs}=6V$，$U_A+U_B+U_C=3U_0>6V$，保持 U_A、U_B 不变，U_C 降低 6V，角度不变。 负序电压定值校验：$U_{2bs}=4V$，$U_A+a^2U_B+aU_C=3U_2$		
差动保护电压闭锁元件校验（手动方式）	相电压闭锁值 U_{bs} 参数设置		
	$\dot{U}_A$: $57.74\angle0°$V $\dot{U}_B$: $57.74\angle240°$V $\dot{U}_C$: $57.74\angle120°$V	L1：$0.1\angle0°$A L2：$0.1\angle0°$A L4：$0.1\angle0°$A	
	$\dot{U}_A$: $38.4\angle0°$V $\dot{U}_B$: $38.4\angle240°$V $\dot{U}_C$: $38.4\angle120°$V	L1：$0.1\angle0°$A L2：$0.1\angle0°$A L4：$0.1\angle0°$A	低电压闭锁开放
	$\dot{U}_A$: $42.44\angle0°$V $\dot{U}_B$: $42.44\angle240°$V $\dot{U}_C$: $42.44\angle120°$V	L1：$0.1\angle0°$A L2：$0.1\angle0°$A L4：$0.1\angle0°$A	低电压闭锁不开放
	零序电压闭锁值 U_{0bs} 参数设置		
	$\dot{U}_A$: $57.74\angle0°$V $\dot{U}_B$: $57.74\angle240°$V $\dot{U}_C$: $57.74\angle120°$V	$\dot{I}_A$: $0\angle0°$A $\dot{I}_B$: $0\angle0°$A $\dot{I}_C$: $0\angle0°$A	
	$\dot{U}_A$: $57.74\angle0°$V $\dot{U}_B$: $57.74\angle240°$V $\dot{U}_C$: $50.74\angle120°$V	$\dot{I}_A$: $0\angle0°$A $\dot{I}_B$: $0\angle0°$A $\dot{I}_C$: $0\angle0°$A	零序电压闭锁开放
	负序电压闭锁值 U_{2bs} 参数设置		
	$\dot{U}_A$: $57.74\angle0°$V $\dot{U}_B$: $57.74\angle240°$V $\dot{U}_C$: $57.74\angle120°$V	$\dot{I}_A$: $0\angle0°$A $\dot{I}_B$: $0\angle0°$A $\dot{I}_C$: $0\angle0°$A	
	$\dot{U}_A$: $57.74\angle0°$V $\dot{U}_B$: $57.74\angle240°$V $\dot{U}_C$: $45\angle120°$V	$\dot{I}_A$: $0\angle0°$A $\dot{I}_B$: $0\angle0°$A $\dot{I}_C$: $0\angle0°$A	负序电压闭锁开放
装置报文	"Ⅰ母电压闭锁开放"或"Ⅱ母电压闭锁开放"		
装置指示灯	无		
注意事项	在验证低电压开放母差时，三相需在有电流情况下验证。 (1) 复压闭锁定值由装置固化，不能整定。 (2) 零序电压闭锁值 U_{0bs} 为自产零序电压 $3U_0$，负序电压闭锁值 U_{2bs} 为负序相电压。 (3) 采用手动试验方式		

6.2.6 自动识别充电状态功能

当充电保护不配置在 SGB - 750 数字化母线保护装置中时，装置能够自动识别母联（分段）的充电保护，当母联断路器的手合触点由断开变为闭合时，通过追溯一个周波（20ms）前的两段母线电压、母联 TA 电流，判定是否进入充电状态。当检测到至少有一条母线无电压、母联 TA 无电流（$I_{BC} = 0$）、装置自动识别为母联断路器对空母线充电（此时展宽 1s），合于故障则闭锁差动 300ms。逻辑功能如图 6 - 5 所示，校验流程见表 6 - 11。

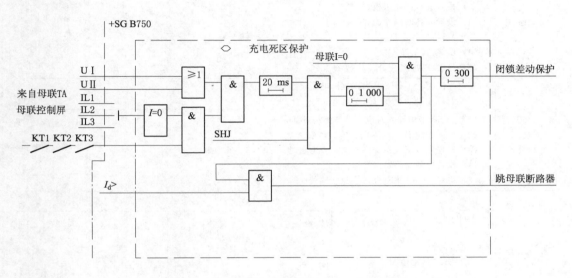

图 6 - 5　自动识别充电保护逻辑功能图

（1）故障发生在被充母线，母联有流差动动作，若母联失灵，则启动母联失灵，延时到后切除运行母线。

（2）故障发生在死区，充电时母联断路器和 TA 之间故障可能有两种情况。

1）TA 装在电源母线侧，隔离开关合闸立即发生故障，此时充电保护尚未启动，且跳开母联断路器也无法切除故障，只能靠差动保护跳开电源母线的所有连接单元断路器（母联断路器未合，差流不计及母联电流，该故障被差动保护判断为区内）。

2）TA 装在被充电母线侧，充电时，母联断路器合闸立即发生故障，TA 无电流，跳开母联断路器可切除故障，但由于电源母线段的差动保护符合动作条件，会误跳电源母线段上的所有连接单元。

为防止这种误动，充电时应闭锁母线差动保护 300ms，不带延时先跳母联断路器（考虑到差流误差，充电死区的大差动作门槛提高为 1.1 倍差动定值）。300ms 后若有故障发展或母联失灵则跳运行母线。

（3）故障发生在运行母线。充电启动后，此时母联无流，大差动作，先跳母联，300ms 后跳运行母线。

表 6 - 11　　　　　　　　SGB - 750 数字式母线保护装置差动保护充电死区校验

试验项目	充 电 死 区 校 验		
相关定值	差动比率制动系数：0.3；差动启动电流 $I_{cdzd}=0.9\text{A}$		
试验例题	(1) 运行方式：支路 L3 合于 I 母运行；母联、II 母热备用状态。 (2) 变比：L3（2000/5）、L1（2000/5）。 (3) 基准变比：2000/5。 (4) 试验要求：模拟由 I 母向 II 母充电，母联死区存在故障时母线差动保护的动作行为		
试验条件	(1) 软压板设置：投入"差动保护"软压板、投入 L1、L3"SV 接收"软压板。 (2) 控制字设置："差动保护"置"1"。 (3) 投入置检修硬压板。 (4) 设置好各间隔变比和基准变比。 (5)"运行"指示灯亮。 (6) L3 强制 I 母。 (7) 母联 TWJ 处于分位状态		
计算方法	充电死区时，I 母支路出现故障电流，母联电流为零。 I_1 为母联电流，I_3 为 L3 支路电流		
参数设置	(1) 从 SD 卡中导入对应变电站整站 SCD。 (2) 导入相应 IED 间隔作为被测对象。 (3) 设置好电压及各支路变比、额定延时、采样率、通道映射。 (4) 设置好各支路输出光口。 (5) 将对应 GOOSE、SV 通道置检修		
充电闭锁功能试验仪器设置（状态序列）	状态 1 参数设置		
	I 母电压 $\dot{U}_A$：57.74∠0°V $\dot{U}_B$：57.74∠240°V $\dot{U}_C$：57.74∠120°V II 母电压为零 $\dot{U}_A$：0∠0°V $\dot{U}_B$：0∠240°V $\dot{U}_C$：0∠120°V	I_1：0∠0°A I_3：0∠0°A	手动触发
	状态 2 参数设置		
	I 母电压 $\dot{U}_A$：0∠0°V $\dot{U}_B$：57.74∠240°V $\dot{U}_C$：57.74∠120°V II 母电压 $\dot{U}_A$：0∠0°V $\dot{U}_B$：57.74∠240°V $\dot{U}_C$：57.74∠120°V	L3：3∠180°A L1：0∠0°A	母联 SHJ 为 1 母联 TWJ 为 1 时间触发 100ms
装置报文	3ms 差动跳母联		
装置指示灯	差动跳母联		

续表

试验项目	充 电 死 区 校 验
注意事项	(1) 充电闭锁功能只开放 300ms，正常情况下，充电闭锁功能跳开母联开关后就已将故障点隔离。 (2) 采用状态序列。 (3) 无须校验定值，但所输入的故障量应大于差动定值。 (4) SGB-750 数字式母线保护装置保护的充电闭锁功能相当于 BP-2C 的充电至死区保护，其故障点位于母联开关与母联 TA 之间
思考	(1) 如果母联有电流，故障点在哪里？差动保护会如何动作？是否还是充电闭锁功能？ (2) 和母联分位死区的区别是什么？ (3) 自行验证状态 2 时间小于 0.3s 时的动作行为

6.2.7 母联（分段）断路器失灵保护

SGB-750 数字式母线保护装置具有母联（分段）断路器失灵保护功能和母联（分段）死区保护功能两种功能。

在双母线或单母分段等接线中，母联（分段）断路器失灵保护的作用是，当某一段母线发生故障或充电于故障情况下，保护动作而母联（分段）断路器拒动时，作为后备保护向两段母线上的所有断路器发送跳闸命令，切除故障。

双母线或单母分段等接线的母联（分段）断路器失灵保护功能框图如图 6-6 所示，当某段（例如I段）母线故障而母线差动保护动作或断路器失灵保护动作，或充电（过流）于某段（例如I段）故障母线而充电保护动作，向母联（分段）断路器 BC 发出跳闸命令并经整定延时 t［确保母联（分段）断路器可靠跳闸］之后，若母联（分段）单元中故障电流仍然存在，且两段母线差动电压均动作（分段 1 断路器失灵保护电压条件为I母差动电压动作；分段 2 断路器失灵保护电压条件为II母差动电压动作），则本保护功能响应，向两段母线上所有连接单元的断路器发出跳闸命令。母联（分段）单元的电流监测，采用相电流判据。

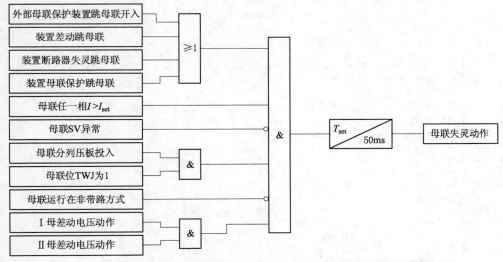

图 6-6 双母线或单母分段等接线的母联（分段）断路器失灵保护功能框图
T_{set}—母联分段失灵时间；I_{set}—母联分段失灵电流定值

　　装置同时提供外部启动（充电、过流等）母联（分段）失灵保护的功能，对于双母双分段系统，提供对侧差动启动分段失灵保护功能。双母双分段接线的分段断路器失灵保护逻辑功能如图 6 - 7 所示。

　　装置内部的非全相保护跳母联（分段）不启动母联（分段）失灵保护。

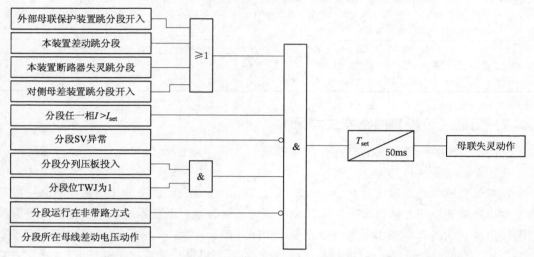

图 6 - 7　双母双分段接线的母联（分段）断路器失灵保护功能框图

T_{set}—母联（分段）断路器失灵时间；I_{set}—母联（分段）断路器失灵电流定值

　　母联（分段）断路器保护校验见表 6 - 12。

表 6 - 12　　　　SGB - 750 数字式母线（分段）断路器保护装置母联保护校验

试验项目	母联（分段）断路器失灵保护校验
相关定值	母联分段失灵电流定值：1A；母联分段失灵时间：0.2s
试验例题	(1) 运行方式为：支路 L3 合于 Ⅰ 母运行；支路 L2 合于 Ⅰ 母运行；母联合位。 (2) 变比：L2（2000/5）、L3（2000/5）、L1（2000/5）。 (3) 基准变比：2000/5。 (4) 试验要求：模拟 Ⅰ 母故障后，母联失灵，切除两条母线
试验条件	(1) 软压板设置：投入"差动保护"软压板、投入 L1、L2、L3 "SV 接收"软压板。 (2) 控制字设置："差动保护"置"1"。 (3) 投入置检修硬压板。 (4) 设置好各间隔变比和基准变比。 (5) "运行"指示灯亮。 (6) L3 强制 Ⅰ 母、L2 强制 Ⅱ 母。 (7) 母联 TWJ 处于合位状态
计算方法	$m＝1.05$，$I＝1.05×1＝1.05$（A）； $m＝0.95$，$I＝0.95×1＝0.95$（A）； 说明：母联 TA 变比与基准变比一致，故无须变换
参数设置	(1) 从 SD 卡中导入对应变电站整站 SCD。 (2) 导入相应 IED 间隔作为被测对象。 (3) 设置好电压及各支路变比、额定延时、采样率、通道映射。 (4) 设置好各支路输出光口。 (5) 将对应 GOOSE、SV 通道置检修

续表

试验项目	母联（分段）断路器失灵保护校验		
试验仪器设置（状态序列 $m=1.05$）	状态 1 参数设置		
	Ⅰ母电压、Ⅱ母电压 $\dot{U}_A$：57.74∠0°V $\dot{U}_B$：57.74∠240°V $\dot{U}_C$：57.74∠120°V	L1：0∠0°A L2：0∠0°A L3：0∠0°A	手动触发
	状态 2 参数设置		
	Ⅰ母电压、Ⅱ母电压 $\dot{U}_A$：0∠0°V $\dot{U}_B$：57.74∠240°V $\dot{U}_C$：57.74∠120°V	L1：1.05∠0°A L2：1.05∠0°A L3：5∠0°A	时间触发 0.1s
	状态 3 参数设置		
	Ⅰ母电压、Ⅱ母电压 $\dot{U}_A$：0∠0°V $\dot{U}_B$：57.74∠240°V $\dot{U}_C$：57.74∠120°V	L1：1.05∠0°A L2：1.05∠0°A L3：0∠0°A	时间触发 0.25s
装置报文	(1) 差动跳母联。 (2) 变化量差动跳Ⅰ母。 (3) 稳态量差动跳Ⅰ母。 (4) 母联失灵保护。 (5) 稳态量差动跳Ⅱ母		
装置指示灯	跳Ⅰ母、跳Ⅱ母、母联保护、Ⅰ母失灵、Ⅱ母失灵		
试验仪器设置（状态序列 $m=0.95$）	状态 1 参数设置		
	Ⅰ母电压、Ⅱ母电压 $\dot{U}_A$：57.74∠0°V $\dot{U}_B$：57.74∠240°V $\dot{U}_C$：57.74∠120°V	L1：0∠0°A L2：0∠0°A L3：0∠0°A	手动触发
	状态 2 参数设置		
	Ⅰ母电压、Ⅱ母电压 $\dot{U}_A$：0∠0°V $\dot{U}_B$：57.74∠240°V $\dot{U}_C$：57.74∠120°V	L1：0.95∠0°A L2：0.95∠0°A L3：5∠0°A	时间触发 0.1s
	状态 3 参数设置		
	Ⅰ母电压、Ⅱ母电压 $\dot{U}_A$：0∠0°V $\dot{U}_B$：57.74∠240°V $\dot{U}_C$：57.74∠120°V	L1：0.95∠0°A L2：0.95∠0°A L3：0∠0°A	时间触发 0.25s

续表

试验项目	母联（分段）断路器失灵保护校验
装置报文	（1）差动跳母联。 （2）变化量差动跳Ⅰ母。 （3）稳态量差动跳Ⅰ母
装置指示灯	跳Ⅰ母
注意事项	电流定值应换算到基准变比
思考	什么保护会启动母联失灵保护？

6.2.8　母联（分段）断路器失灵保护

对于双母线或单母线分段等接线，在母联（分段）单元上只安装一组 TA 情况下，母联（分段）TA 与母联（分段）断路器之间的故障，差动保护存在死区。母联死区保护功能框图如图 6-8 所示，校验流程见表 6-13 和表 6-14。

图 6-8　母联死区保护功能框图

表 6-13   **SGB-750 数字式母线保护装置母联合位死区保护校验**

试验项目	母联合位死区保护校验		
相关定值	差动比率制动系数：0.3；差动启动电流 $I_{cdzd}=0.9$A		
试验例题	(1) 运行方式：支路 L3 合于 Ⅰ 母运行；支路 L2 合于 Ⅱ 母，双母线并列运行。 (2) 变比：L2（2000/5）、L3（2000/5）、L1（2000/5）。 (3) 基准变比：2000/5。 (4) 试验要求：模拟母联开关合位死区保护动作		
试验条件	(1) 软压板设置：投入"差动保护"软压板，投入 L1、L2、L3"SV 接收"软压板。 (2) 控制字设置："差动保护"置"1"。 (3) 投入置检修硬压板。 (4) 设置好各间隔变比和基准变比。 (5) "运行"指示灯亮。 (6) L3 强制 Ⅰ 母、L2 强制 Ⅱ 母。 (7) 母联 TWJ 处于合位状态		
计算方法	设母联 TA 装在母联靠 Ⅱ 母侧，母联电流为 I_1，L2 支路电流为 I_2，L3 支路电流为 I_3。 初始状态电流为零，电压正常。 故障时刻，Ⅱ 母出现故障电流，母联出现故障电流，Ⅰ 母有差流，Ⅱ 母平衡无差流。 $I_1+I_2=0$；I_1+I_3 大于差流动作值。		
参数设置	(1) 从 SD 卡中导入对应变电站整站 SCD。 (2) 导入相应 IED 间隔作为被测对象。 (3) 设置好电压及各支路变比、额定延时、采样率、通道映射。 (4) 设置好各支路输出光口。 (5) 将对应 GOOSE、SV 通道置检修		
试验仪器设置（状态序列）	状态 1 参数设置		
	Ⅰ 母电压、Ⅱ 母电压 $\dot{U}_A$: 57.74∠0°V $\dot{U}_B$: 57.74∠240°V $\dot{U}_C$: 57.74∠120°V	L1：0∠0°A L2：0∠0°A L3：0∠0°A	手动触发
	状态 2 参数设置		
	Ⅰ 母电压、Ⅱ 母电压 $\dot{U}_A$: 0∠0°V $\dot{U}_B$: 57.74∠240°V $\dot{U}_C$: 57.74∠120°V	L1：5∠0°A L2：5∠0°A L3：0∠0°A	时间触发 300ms
装置报文	(1) 3ms 差动跳母联，变化量差动跳 Ⅰ 母，稳态量差动跳 Ⅰ 母。 (2) 190ms 母联死区动作保护		
装置指示灯	跳 Ⅰ 母、跳 Ⅱ 母、母联保护		
注意事项	(1) 母联开关合位死区故障指的是故障点位于母联开关和母联 TA 之间，母联 TA 安装位置会影响先跳哪一段母线。根据题意，母联 TA 应该安装在母联开关与 Ⅱ 母之间，在 Ⅰ 母保护区内。注意：母联 TA 安装位置可在母联开关两侧，不管 TA 的同名端始终靠 Ⅰ 母。 (2) 进行试验时，后跳的母线的小差可以没有差流，但支路（非母联）必须要有电流。 (3) 合位死区保护延时 150ms，为固有延时，不能整定。 (4) 母联 TWJ 要变位		
思考	母联合位死区保护和分位死区保护的区别是什么？		

表 6 - 14　　　　　　**SGB - 750 数字式母线保护装置母联分位死区保护校验**

试验项目	母联分位死区保护校验		
相关定值	差动比率制动系数：0.3；差动启动电流 I_{cdzd} = 0.9A		
试验例题	(1) 运行方式：支路 L3 合于 I 母运行；支路 L2 合于 II 母，双母线分列运行。 (2) 变比：L2 (20005)、L3 (2000/5)、L1 (2000/5)。 (3) 基准变比：2000/5。 (4) 试验要求：模拟母联开关分位死区保护动作		
试验条件	(1) 软压板设置：投入"差动保护"软压板，投入 L1、L2、L3 "SV 接收"软压板，投入"分列运行"软压板。 (2) 控制字设置："差动保护"置"1"。 (3) 投入置检修硬压板。 (4) 设置好各间隔变比和基准变比。 (5) "运行"指示灯亮。 (6) L3 强制 I 母、L2 强制 II 母。 (7) 母联 TWJ 处于分位状态		
计算方法	设母联 TA 装在母联靠 II 母侧，母联电流为 I_1，L2 支路电流为 I_2，L3 支路电流为 I_3。 初始状态电流为零，电压正常。 故障时刻，II 母出现故障电流，母联出现故障电流，I 母有差流，II 母平衡无差流。 $I_1 + I_2 = 0$；$I_1 + I_3$ 大于差流动作值		
参数设置	(1) 从 SD 卡中导入对应变电站整站 SCD。 (2) 导入相应 IED 间隔作为被测对象。 (3) 设置好电压及各支路变比、额定延时、采样率、通道映射。 (4) 设置好各支路输出光口。 (5) 将对应 GOOSE、SV 通道置检修		
试验仪器设置（状态序列）	**状态 1 参数设置**		
	I 母电压、II 母电压 $\dot{U}_A$：57.74∠0°V $\dot{U}_B$：57.74∠240°V $\dot{U}_C$：57.74∠120°V	L1：0∠0°A L2：0∠0°A L3：0∠0°A	手动触发
	状态 2 参数设置		
	I 母电压 $\dot{U}_A$：57.74∠0°V $\dot{U}_B$：57.74∠240°V $\dot{U}_C$：57.74∠120°V II 母电压 $\dot{U}_A$：0∠0°V $\dot{U}_B$：57.74∠240°V $\dot{U}_C$：57.74∠120°V	L1：5∠0°A L2：5∠0°A L3：5∠0°A	时间触发 0.2s

续表

试验项目	母联分位死区保护校验
装置报文	(1) 3ms差动跳母联。 (2) 变化量差动跳Ⅱ母。 (3) 稳态量差动跳Ⅱ母。 (4) 母联死区动作保护
装置指示灯	跳Ⅱ母、母联保护
注意事项	(1) 母联开关分位死区故障指的是故障点位于母联开关和母联TA之间。根据题意，母联TA应该安装在母联开关与Ⅱ母之间，在Ⅰ母保护区内。注意：母联TA安装位置可在母联开关两侧，但TA的同名端始终靠Ⅰ母。 (2) 分位死区保护无延时，只跳开靠母联TA的母线。 (3) 母联TWJ和分列压板必须同时为"1"
思考	母联合位死区保护和分位死区保护的区别是什么？

6.2.9 失灵保护校验

1. 断路器失灵保护

SGB-750数字式母线保护装置配置失灵保护的作用是：当母线所连接的线路单元或变压器单元上发生故障，保护动作而该连接单元断路器拒动时，作为近后备保护向母联（分段）断路器及同一母线上的所有断路器发送跳闸命令，切除故障。

线路单元断路器失灵保护的逻辑功能如图6-9和图6-10所示。

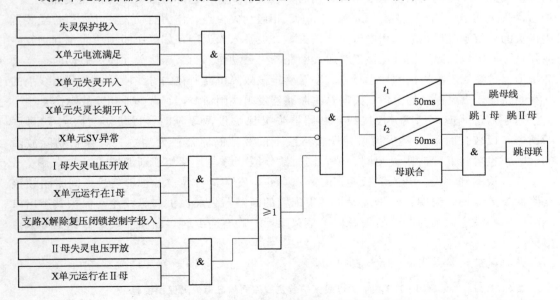

图6-9 线路单元断路器失灵保护的逻辑功能图

t_1—失灵保护第1时限；t_2—失灵保护第2时限

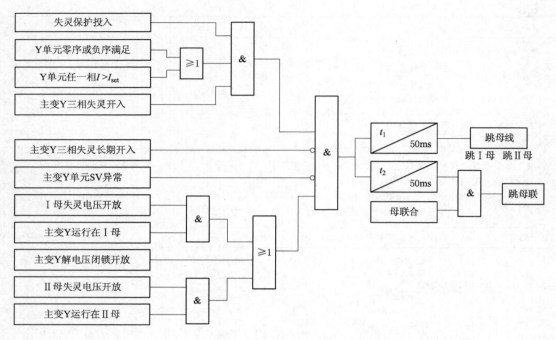

图 6－10　主变单元断路器失灵保护的逻辑功能图

t_1—失灵保护第 1 时限；t_2—失灵保护第 2 时限

接收连接单元的保护装置提供的 GOOSE 失灵开入信息，对于线路单元取 GOOSE 数据集中支路 nA 相启动失灵、支路 nB 相启动失灵、支路 n_C 相启动失灵以及支路 n_三相启动失灵等点，对于主变单元取支路 n_三相启动失灵点，作为启动失灵开入。若经装置中设置的整定延时后，故障相电流仍不消失，失灵开入未返回，如复压闭锁功能也判别发生故障且开放出口回路，则判定该连接单元断路器失灵动作。当某连接单元失灵启动时，本功能根据保护装置内部提供的"运行方式字"确定该故障单元所在的母线段及接在此母线上的所有断路器，失灵保护的出口回路向这些断路器发出跳闸命令，有选择地切除故障。

对于双母线或单母线分段接线，断路器失灵保护设两段延时：以较短时限 t_1 跳母联断路器，以较长时限 t_2 跳失灵单元所接母线上的其他断路器。为缩短失灵保护切除故障的时间，也可将 Ⅱ 段时限设为同一值，同时跳母联（分段）及相邻断路器。

装置检测到"失灵开入"长期误开入（10s），发"运行异常"告警信号，同时闭锁该支路的失灵保护。说明：本母线保护屏中配置的断路器失灵保护与母线差动保护共用出口跳闸回路，用户无须为断路器失灵保护单独组屏。确有需要时，断路器失灵保护也可单独组屏。

失灵保护校验见表 6－15～表 6－17。

表 6－15　　　　SGB－750 数字式母线保护装置线路间隔三相失灵保护校验

试验项目	线路间隔三相失灵保护校验
相关定值	三相失灵相电流定值：3A；失灵保护第 1 时限：0.2s；失灵保护第 2 时限：0.4s

续表

试验项目	线路间隔三相失灵保护校验		
试验例题	(1) 运行方式：支路 L3 合于Ⅰ母运行；线路支路 L2 合于Ⅱ母，双母线并列运行。 (2) 变比：L2（2000/5）、L3（2000/5）、L1（2000/5）。 (3) 基准变比：2000/5。 (4) 试验要求：L2 支路三相失灵保护定值及动作时间校验		
试验条件	(1) 软压板设置：投入"失灵保护"软压板，投入 L1、L2、L3"SV 接收"软压板。 (2) 控制字设置："失灵保护"置"1"。 (3) 投入置检修硬压板。 (4) 设置好各间隔变比和基准变比。 (5) "运行"指示灯亮。 (6) L3 强制Ⅰ母、L2 强制Ⅱ母。 (7) 母联 TWJ 处于合位状态		
计算方法	$m=1.05$ 时，$I=1.05×3=3.15$（A）。 $m=0.95$ 时，$I=0.95×3=2.85$（A）		
参数设置	(1) 从 SD 卡中导入对应变电站整站 SCD。 (2) 导入相应 IED 间隔作为被测对象。 (3) 设置好电压及各支路变比、额定延时、采样率、通道映射。 (4) 设置好各支路输出光口。 (5) 将对应 GOOSE、SV 通道置检修		
试验仪器设置（状态序列 $m=1.05$）	状态 1 参数设置		
	Ⅰ母电压、Ⅱ母电压 $\dot{U}_A$: 57.74∠0°V $\dot{U}_B$: 57.74∠240°V $\dot{U}_C$: 57.74∠120°V	L1: 0∠0°A L2: 0∠0°A L3: 0∠0°A	手动触发
	状态 2 参数设置		
	$\dot{U}_A$: 20∠0°V $\dot{U}_B$: 57.74∠240°V $\dot{U}_C$: 57.74∠120°V	L1: 3.15∠0°A L2: 3.15∠0°A L3: 3.15∠180°A	时间触发 0.5s
装置报文	失灵保护动作		
装置指示灯	跳Ⅱ母、母联保护、Ⅱ母失灵		
试验仪器设置（状态序列 $m=0.95$）	状态 1 参数设置		
	Ⅰ母电压、Ⅱ母电压 $\dot{U}_A$: 57.74∠0°V $\dot{U}_B$: 57.74∠240°V $\dot{U}_C$: 57.74∠120°V	L1: 0∠0°A L2: 0∠0°A L3: 0∠0°A	手动触发
	状态 2 参数设置		
	$\dot{U}_A$: 20∠0°V $\dot{U}_B$: 57.74∠240°V $\dot{U}_C$: 57.74∠120°V	L1: 2.85∠0°A L2: 2.85∠0°A L3: 2.85∠180°A	时间触发 0.5s

续表

试验项目	线路间隔三相失灵保护校验
装置报文	无
装置指示灯	无
注意事项	(1) 电流定值应换算到基准变比。 (2) 失灵保护出口有两时限，第 1 时限跳母联，第 2 时限跳母线。 (3) 三相失灵时，三相电流均应满足定值，可不考虑零序、负序电流

表 6－16　　　　SGB－750 数字式母线保护装置线路间隔失灵保护校验

试验项目	线路间隔失灵保护校验		
相关定值	失灵零序电流定值：1A；失灵负序电流定值：1A；失灵保护第 1 时限：0.2s；失灵保护第 2 时限：0.4s		
试验例题	(1) 运行方式：支路 L3 合于Ⅰ母运行；支路 L2 合于Ⅱ母，双母线并列运行。 (2) 变比：L2（2000/5）、L3（2000/5）、L1（2000/5）。 (3) 基准变比：2000/5。 (4) 试验要求：测试 L2 支路失灵保护零序定值		
试验条件	(1) 软压板设置：投入"失灵保护"软压板，投入 L1、L2、L3 "SV 接收"软压板。 (2) 控制字设置："失灵保护"置"1"。 (3) 投入置检修硬压板。 (4) 设置好各间隔变比和基准变比。 (5) "运行"指示灯亮。 (6) L3 强制Ⅰ母、L2 强制Ⅱ母。 (7) 母联 TWJ 处于合位状态		
计算方法	$m=1.05$，$I=1.05 \times 1=1.05$（A）。 $m=0.95$，$I=0.95 \times 1=0.95$（A）		
	状态 1 参数设置		
	$\dot{U}_A$：57.74∠0°V $\dot{U}_B$：57.74∠240°V $\dot{U}_C$：57.74∠120°V	L1、L2、L3 电流 $\dot{I}_A$：0∠0°A $\dot{I}_B$：0∠0°A $\dot{I}_C$：0∠0°A	手动触发
	状态 2 参数设置		
试验仪器设置（状态序列 $m=1.05$）	$\dot{U}_A$：20∠0°V $\dot{U}_B$：57.74∠240°V $\dot{U}_C$：57.74∠120°V	L1 $\dot{I}_A$：1.05∠0°A $\dot{I}_B$：0∠240°A $\dot{I}_C$：0∠120°A L2 $\dot{I}_A$：1.05∠0°A $\dot{I}_B$：0∠240°A $\dot{I}_C$：0∠120°A L3 $\dot{I}_A$：1.05∠180°A $\dot{I}_B$：0∠240°A $\dot{I}_C$：0∠120°A	时间触发 0.5s

右上角：续表

试验项目	线路间隔失灵保护校验		
装置报文	失灵保护动作		
装置指示灯	跳Ⅱ母、母联保护、Ⅱ母失灵		
试验仪器设置（状态序列 $m=0.95$）	**状态1参数设置**		
	$\dot{U}_A: 57.74\angle 0°V$ $\dot{U}_B: 57.74\angle 240°V$ $\dot{U}_C: 57.74\angle 120°V$	L1、L2、L3 电流 $\dot{I}_A: 0\angle 0°A$ $\dot{I}_B: 0\angle 0°A$ $\dot{I}_C: 0\angle 0°A$	手动触发
	状态2参数设置		
	$\dot{U}_A: 20\angle 0°V$ $\dot{U}_B: 57.74\angle 240°V$ $\dot{U}_C: 57.74\angle 120°V$	L1 $\dot{I}_A: 1.05\angle 0°A$ $\dot{I}_B: 0\angle 240°A$ $\dot{I}_C: 0\angle 120°A$ L2 $\dot{I}_A: 1.05\angle 0°A$ $\dot{I}_B: 0\angle 240°A$ $\dot{I}_C: 0\angle 120°A$ L3 $\dot{I}_A: 1.05\angle 180°A$ $\dot{I}_B: 0\angle 240°A$ $\dot{I}_C: 0\angle 120°A$	时间触发 0.5s
装置报文	无		
装置指示灯	无		
注意事项	(1) 电流定值应换算到基准变比。 (2) 失灵保护出口有两时限，第1时限跳母联，第2时限跳母线。 (3) 零序电流按 $3I_0$ 整定，负序电流按 I_2 整定。 (4) 测试负序电流定值的方法与零序电流类似，注意负序电流值等于单相电流的 1/3，测试时可以临时调整零序电流定值		
思考	线路间隔和主变压器间隔失灵保护有什么异同？		

表 6 - 17　**SGB - 750 数字式母线保护装置主变间隔失灵保护校验**

试验项目	主变间隔失灵保护校验
相关定值	三相失灵相电流定值：3A；失灵零序电流定值：1A；失灵负序电流定值：1A；失灵保护第1时限：0.2s；失灵保护第2时限：0.4s
试验例题	(1) 运行方式：支路L3合于Ⅰ母运行；支路L2合于Ⅱ母，双母线并列运行。 (2) 变比：L2（2000/5）、L3（2000/5）、L1（2000/5）。 (3) 基准变比：2000/5。 (4) 试验要求：测试L2支路三相失灵保护定值及动作时间

试验项目	线路间隔失灵保护校验		
试验条件	(1) 软压板设置：投入"失灵保护"软压板，投入 L1、L2、L3"SV 接收"软压板。 (2) 控制字设置："失灵保护"置"1"。 (3) 投入置检修硬压板。 (4) 设置好各间隔变比和基准变比。 (5) "运行"指示灯亮。 (6) L3 强制Ⅰ母、L2 强制Ⅱ母。 (7) 母联 TWJ 处于合位状态		
计算方法	(1) 相电流定值。 $m=1.05$ 时，$I=1.05×3=3.15$ (A)。 $m=0.95$ 时，$I=0.95×3=2.85$ (A)。 (2) 零序电流定值。 $m=1.05$ 时，$I=1.05×1=1.05$ (A)。 $m=0.95$ 时，$I=0.95×1=0.95$ (A)。 (3) 负序电流定值。 $m=1.05$ 时，$I=1.05×1=1.05$ (A)。 $m=0.95$ 时，$I=0.95×1=0.95$ (A)		
试验仪器设置（状态序列 $m=1.05$）	状态 1 参数设置		
	$\dot{U}_A$：57.74∠0°V $\dot{U}_B$：57.74∠240°V $\dot{U}_C$：57.74∠120°V	L1：0∠0°A L2：0∠0°A L3：0∠0°A	手动触发
	状态 2 参数设置		
	$\dot{U}_A$：20∠0°V $\dot{U}_B$：57.74∠240°V $\dot{U}_C$：57.74∠120°V	L1：3.15∠0°A L2：3.15∠0°A L3：3.15∠180°A	时间触发 0.5s
装置报文	失灵保护动作		
装置指示灯	跳Ⅱ母、母联保护、Ⅱ母失灵		
试验仪器设置（状态序列 $m=0.95$）	状态 1 参数设置		
	$\dot{U}_A$：57.74∠0°V $\dot{U}_B$：57.74∠240°V $\dot{U}_C$：57.74∠120°V	L1：0∠0°A L2：0∠0°A L3：0∠0°A	手动触发
	状态 2 参数设置		
	$\dot{U}_A$：20∠0°V $\dot{U}_B$：57.74∠240°V $\dot{U}_C$：57.74∠120°V	L1：2.85∠0°A L2：2.85∠0°A L3：2.85∠180°A	时间触发 0.5s
装置报文	无		
装置指示灯	无		

续表

试验项目	线路间隔失灵保护校验
注意事项	(1) 电流定值应换算到基准变比。 (2) 失灵保护出口有两时限，第 1 时限跳母联，第 2 时限跳母线。 (3) 例题以相电流定值为例进行故障量设置，零序、负序电流测试的故障量设置与其类似。 (4) 主变压器间隔相电流定值只要一相电流大于定值即可
思考	如果故障态电压正常，应如何设置解除复压闭锁开入，失灵保护才能正确动作？

2. 失灵保护电压闭锁元件校验

具体校验见表 6 - 18。

表 6 - 18　　　　SGB - 750 数字式母线保护装置失灵保护电压闭锁元件校验

试验项目	失灵保护电压闭锁元件校验		
相关定值	低电压闭锁定值：$0.7U_n$；零序电压闭锁定值：6V；负序电压闭锁定值：4V		
试验例题	(1) 运行方式：支路 L3 合于 Ⅰ 母运行；支路 L2 合于 Ⅱ 母，双母线并列运行。 (2) 变比：L2（2000/5）、L3（2000/5）、L1（2000/5）。 (3) 基准变比：2000/5。 (4) 试验要求：测试 L2 支路失灵保护复压闭锁元件定值		
试验条件	两段母线 TV 正常接线		
计算方法	低电压定值校验：$U_{bs}=0.7U_n$，将某段母线每一项正序电压降低为 $57.74×0.7×0.95=38.40$（V）时，电压开放； $57.74×0.7×1.05=42.44$（V）时，电压闭锁。 零序电压定值校验：$U_{0bs}=6V$，$U_A+U_B+U_C=3U_0>6V$，保持 U_A、U_B 不变，U_C 降低 6V，角度不变。 负序电压定值校验：$U_{2bs}=4V$，$U_A+a^2U_B+aU_C=3U_2$		
失灵保护低电压闭锁功能试验仪器设置（状态序列 $m=1.05$）	状态 1 参数设置		
	$\dot{U}_A$: 57.74∠0°V $\dot{U}_B$: 57.74∠240°V $\dot{U}_C$: 57.74∠120°V	$\dot{I}_A$: 0∠0°A $\dot{I}_B$: 0∠0°A $\dot{I}_C$: 0∠0°A	手动触发
	状态 2 参数设置		
	$\dot{U}_A$: 38.4∠0°V $\dot{U}_B$: 38.4∠240°V $\dot{U}_C$: 38.4∠120°V	$\dot{I}_A$: 3.15∠0°A $\dot{I}_B$: 3.15∠240°A $\dot{I}_C$: 3.15∠120°A	时间触发 0.5s
失灵保护低电压闭锁功能试验仪器设置（状态序列 $m=0.95$）	状态 1 参数设置		
	$\dot{U}_A$: 57.74∠0°V $\dot{U}_B$: 57.74∠240°V $\dot{U}_C$: 57.74∠120°V	$\dot{I}_A$: 0∠0°A $\dot{I}_B$: 0∠0°A $\dot{I}_C$: 0∠0°A	手动触发
	状态 2 参数设置		
	$\dot{U}_A$: 42.44∠0°V $\dot{U}_B$: 42.44∠240°V $\dot{U}_C$: 42.44∠120°V	$\dot{I}_A$: 3.15∠0°A $\dot{I}_B$: 3.15∠240°A $\dot{I}_C$: 3.15∠120°A	时间触发 0.5s

续表

试验项目	失灵保护电压闭锁元件校验		
失灵保护零序电压闭锁功能试验仪器设置（状态序列 $m=1.05$）	状态 1 参数设置		
	$\dot{U}_A$: 57.74∠0°V $\dot{U}_B$: 57.74∠240°V $\dot{U}_C$: 57.74∠120°V	$\dot{I}_A$: 0∠0°A $\dot{I}_B$: 0∠0°A $\dot{I}_C$: 0∠0°A	手动触发
	状态 2 参数设置		
	$\dot{U}_A$: 57.74∠0°V $\dot{U}_B$: 57.74∠240°V $\dot{U}_C$: 51.44∠120°V	$\dot{I}_A$: 3.15∠0°A $\dot{I}_B$: 3.15∠240°A $\dot{I}_C$: 3.15∠120°A	时间触发 0.5s
失灵保护零序电压闭锁功能试验仪器设置（状态序列 $m=0.95$）	状态 1 参数设置		
	$\dot{U}_A$: 57.74∠0°V $\dot{U}_B$: 57.74∠240°V $\dot{U}_C$: 57.74∠120°V	$\dot{I}_A$: 0∠0°A $\dot{I}_B$: 0∠0°A $\dot{I}_C$: 0∠0°A	手动触发
	状态 2 参数设置		
	$\dot{U}_A$: 57.74∠0°V $\dot{U}_B$: 57.74∠240°V $\dot{U}_C$: 52.04∠120°V	$\dot{I}_A$: 3.15∠0°A $\dot{I}_B$: 3.15∠240°A $\dot{I}_C$: 3.15∠120°A	时间触发 0.5s
失灵保护负序电压闭锁功能试验仪器设置（状态序列 $m=1.05$）	状态 1 参数设置		
	$\dot{U}_A$: 57.74∠0°V $\dot{U}_B$: 57.74∠240°V $\dot{U}_C$: 57.74∠120°V	$\dot{I}_A$: 0∠0°A $\dot{I}_B$: 0∠0°A $\dot{I}_C$: 0∠0°A	手动触发
	状态 2 参数设置		
	$\dot{U}_A$: 57.74∠0°V $\dot{U}_B$: 57.74∠240°V $\dot{U}_C$: 45.14∠120°V	$\dot{I}_A$: 3.15∠0°A $\dot{I}_B$: 3.15∠240°A $\dot{I}_C$: 3.15∠120°A	时间触发 0.5s
失灵保护负序电压闭锁功能试验仪器设置（状态序列 $m=0.95$）	状态 1 参数设置		
	$\dot{U}_A$: 57.74∠0°V $\dot{U}_B$: 57.74∠240°V $\dot{U}_C$: 57.74∠120°V	$\dot{I}_A$: 0∠0°A $\dot{I}_B$: 0∠0°A $\dot{I}_C$: 0∠0°A	手动触发
	状态 2 参数设置		
	$\dot{U}_A$: 57.74∠0°V $\dot{U}_B$: 57.74∠240°V $\dot{U}_C$: 46.34∠120°V	$\dot{I}_A$: 3.15∠0°A $\dot{I}_B$: 3.15∠240°A $\dot{I}_C$: 3.15∠120°A	时间触发 0.5s

续表

试验项目	失灵保护电压闭锁元件校验
装置报文	失灵保护动作
装置指示灯	跳Ⅱ母、母联保护、Ⅱ母失灵
注意事项	(1) 低电压闭锁值为 $0.95I_e$ 时失灵动作，$1.05I_e$ 不动作；零序、负序电压闭锁值为 1.05 倍时失灵动作，0.95 倍不动作。 (2) 零序电压闭锁值为自产零序电压 $3U_0$，负序电压闭锁值 U_{2bs} 为负序相电压。 (3) 进行零序、负序电压闭锁值试验时，可以临时调整相关定值
思考	失灵保护复压闭锁和差动保护复压闭锁有什么区别？试验方法可否互换？